한국산업인력공단 새 출제기준에 따른 최신판!!

완전합격

기중기 운전기능사 필기시험문제

📖 이 책을 발행하면서…

자격증 공부는 동기 부여에 아주 좋은 공부 방법입니다. 왜냐하면 자격증 취득이라는 구체적인 목표와 더불어 노력에 대한 결과가 점수로 바로 드러나기 때문입니다. 그러나 오로지 합격 점수에 초점을 두다 보니 깊이 있는 공부가 어려운 측면도 있습니다. 이러한 맥락에서 수험서 집필은 전공 이론 및 문제 핵심을 잘 요약함과 동시에 전공서적으로서도 내용이 충실해야 하므로 고민을 많이 해야 합니다.

대부분의 수험자는 필기시험을 준비할 때 출제 예상문제 및 과년도 기출문제를 풀면서 문제·답을 외우고 있습니다. 이는 4지선다형으로 100점 만점에 60점 이상이면 합격하는 현행 시험제도를 잘 이용한 현실적인 방안이라고 생각합니다. 특히, 각종 법규 및 안전관리 등과 같은 암기 유형의 문제가 많은 기중기운전기능사 필기시험에는 더욱 적합하다고 봅니다.

따라서, 책은 독자가 주인이기에 독자들의 요구를 충실히 반영하고자 노력하였습니다.
이 수험서는,

1. 과목별 핵심정리를 수록하여 암기를 돕고자 하였습니다.
2. 시험문제와 관련된 전공이론만 선별하여 핵심이론으로 요약하였고 시험과 관련 없는 불필요한 이론 및 그림들을 과감히 삭제하였습니다.
3. 각 단원별로 출제예상문제를 구성함으로써 핵심이론을 공부한 후 문제를 통해 머릿속에 바로 정리할 수 있도록 하였습니다.
4. CBT실전모의고사 5회분을 구성함으로써 최종적인 진단을 할 수 있도록 하였습니다.

이 수험서 한권으로 모든 분들이 '합격의 꽃'을 피우길 바랍니다.
끝으로, 이 책의 필요성에 대해 공감해주시고 출판에 이르기까지 성심껏 도와주신 크라운출판사 관계자 분들과 이 책을 찾아주신 모든 독자 분들께 깊은 감사의 말씀을 전해드립니다.

출제기준(필기)

직무분야	건설	중직무분야	건설기계운전	자격종목	기중기운전기능사	적용기간	2016.7.13.~2024.12.31.
직무내용	기중기 조종은 건설현장의 토목, 건축, 플랜트 공사를 위하여 기중기의 이동·조립, 작업지시 확인, 작업 전 안전교육, 작업 전 장비점검, 신호 체계 확인으로 사전 준비하여 인양작업 및 작업장치 작업을 수행한 후, 작업 후 장비점검, 작업 후 안전조치, 장비 해체·철수, 작업일보 작성 등 기중기 조종에 필요한 전 과정을 수행하는 직무							
필기검정방법	객관식		문제수	60문제	시험시간	1시간		

필기과목명	출제문제수	주요항목	세부항목	세세항목
건설기계기관, 전기, 섀시, 기중기작업장치, 유압일반, 건설기계관리법규 및 도로통행방법, 안전관리	60	1. 건설기계 기관장치	1. 기관의 구조, 기능 및 점검	1. 기관본체 2. 연료장치 3. 냉각장치 4. 윤활장치 5. 과급기
		2. 건설기계 전기장치	1. 전기장치의 구조, 기능 및 점검	1. 시동장치 2. 충전장치 3. 조명장치 4. 계기류 5. 예열장치
		3. 건설기계 섀시장치	1. 섀시의 구조, 기능 및 점검	1. 동력 전달 장치 2. 제동장치 3. 조향장치 4. 주행장치
		4. 기중기 작업장치	1. 기중기 작업장치	1. 기중기 구조 2. 작업장치 기능 3. 작업방법
		5. 유압일반	1. 유압유	1. 유압유
			2. 유압기기	1. 유압펌프 2. 제어 밸브 3. 유압 실린더와 유압 모터 4. 기타 부속장치 등
		6. 건설기계 관리법규 및 도로교통법	1. 건설기계 등록검사	1. 건설기계 등록 2. 건설기계 검사
			2. 면허·사업·벌칙	1. 건설기계 조종사의 면허 및 건설기계 사업 2. 건설기계 관리법규의 벌칙
			3. 건설기계의 도로교통법	1. 도로통행방법에 관한 사항 2. 도로교통법규의 벌칙
		7. 안전관리	1. 안전관리	1. 산업안전 일반 2. 기계·기기 및 공구에 관한 사항 3. 오염방지장치
			2. 작업안전	1. 작업상의 안전 2. 기타 안전관련 사항

차례

Part 1 핵심정리

Chapter 1	건설기계기관	8
Chapter 2	전기, 섀시, 기중기 작업장치	13
Chapter 3	유압일반	18
Chapter 4	건설기계 법규 및 도로통행방법	22
Chapter 5	안전관리	30

Part 2 핵심이론 및 출제예상문제

Chapter 1	건설기계기관	36
	* 출제예상문제	
Chapter 2	전기, 섀시, 기중기 작업장치	53
	* 출제예상문제	
Chapter 3	유압일반	91
	* 출제예상문제	
Chapter 4	건설기계 법규 및 도로통행방법	105
	* 출제예상문제	
Chapter 5	안전관리	122
	* 출제예상문제	

Part 3 실전모의고사

실전모의고사 1회	144
실전모의고사 2회	154
실전모의고사 3회	164
실전모의고사 4회	173
실전모의고사 5회	183

PART 1
핵심정리

Chapter 1 건설기계 기관

01 디젤엔진의 특징
- 점화장치가 없음
- 경유를 사용함
- 가솔린엔진에 비해 압축비가 높음
- 압축 착화 방식임

02 디젤엔진과 관련된 항목
- 세탄가
- 착화
- 예열플러그
- 경유

03 디젤엔진의 장점
- 흡입행정 시 펌핑 손실을 줄일 수 있음
- 열효율이 높음
- 일산화탄소(CO) 배출량이 적음
※ 마력당 중량이 큼 : 디젤엔진의 단점

04 액화천연가스(Liquefied Natural Gas)의 특징
- 기체 상태로 배관을 통해 공급됨
- 가연성물질로서 폭발 우려가 큼
- 공기보다 가벼움
- LNG라고 하며 메탄이 주성분임

05 실린더 헤드 개스킷에 대한 구비조건
- 내압성과 내열성이 있을 것
- 기밀 유지가 우수할 것
- 강도가 적당할 것
- 복원성이 클 것

06 피스톤링의 3대 작용
- 오일제어 작용
- 열전도 작용
- 기밀 작용

07 피스톤 링이 마모되면 엔진오일의 소비량이 많아짐

08 실린더 벽이 마멸되었을 때 발생하는 현상
- 엔진 제동열효율이 감소함
- 폭발압력이 감소함
- 오일의 소모량이 증가함
- 엔진 출력이 감소함
※ 엔진에서 실린더 벽의 마멸이 가장 큰 곳 : 상사점 부근

09 피스톤 간극이 클 때 발생하는 현상
- 엔진 출력이 감소함
- 블로바이 가스가 많아짐
- 피스톤 슬랩현상 발생함
- 오일 소모량이 많아짐
※ 피스톤 간극 : 피스톤과 실린더 사이의 최소 틈새를 말하며 이 틈새가 커질수록 그 사이로 연소가스가 많이 세게 되는데 이때 틈새로 세는 가스를 블로바이 가스라고 함

10 디젤엔진의 감압장치
엔진 시동 시 또는 겨울철 오일 점도가 높을 시 흡기밸브 또는 배기밸브를 강제로 열어 실린더 압축압력을 감소시켜 시동을 용이하게 하는 장치

11 엔진 시동을 보조하는 장치
- 히트 레인저
- 실린더의 감압장치
- 흡입공기 예열장치

12 디퓨저
각각의 공기통로의 체적이 확대하여 속도에너지를 압력에너지로 변환시키는 장치

※ 디플렉터 : 2행정 엔진의 피스톤 헤드 부에 설치된 돌출부를 말하며, 피스톤 상승 시 혼합기의 와류작용 및 잔류가스를 배출하는 역할

13 디젤노크가 발생하였을 때 엔진에 미치는 영향
- 엔진이 과열됨
- 엔진 출력이 감소함
- 엔진의 흡기효율이 저하됨
- 엔진 회전수가 불안정해짐

14 디젤노크의 방지대책
- 압축비를 높게 함
- 착화지연시간을 짧게 함
- 연소실 벽의 온도를 높게 함
- 흡기압력을 높게 함

15 디젤엔진 연소실 형식의 특징
- 공기실식 : 직접분사실식 다음으로 시동이 쉽기 때문에 예열플러그 없이도 냉간시 시동이 용이함
- 직접분사실식 : 연료소비율이 낮으며 연소압력이 가장 높음
- 와류실식 : 분사노즐 가까이에 와류실을 갖는 형식으로 직접분사실식과 예연소실식의 중간정도이며 직접분사실식에 비해 공기이용률이 높음
- 예연소실식 : 피스톤과 실린더 헤드 사이에 주연소실이 있고 이외에 따로 부연소실을 갖는 형식으로 분사압력(60~120kgf/cm^2)이 비교적 낮으며 전실식이라고도 함

16 직접분사실식의 장점
- 구조가 간단하여 열효율이 높음
- 연료소비량이 적음
- 냉각손실이 적음
- 냉시동이 양호함

17 4기통 엔진 대비 6기통 엔진의 특징
- 저속회전이 용이하고 엔진 출력이 높다.
- 가속이 원활하고 신속하다.
- 엔진 진동이 적다.
- 구조가 복잡하며 제작비가 비싸다.

18 블로 다운(Blow Down)
배기행정 시 실린더 내 압력에 의해 배기가스가 배기밸브를 통해 배출되는 현상

※ 블로 바이(Blow By) : 압축 및 폭발행정 시 피스톤 간극에서 가스가 누출되는 현상

※ 블로 백(Blow Back) : 압축 및 폭발행정 시 가스가 밸브와 밸브 시트 사이로 누출되는 현상

19 동력행정
흡기밸브와 배기밸브가 모두 닫혀있는 행정

20 시동모터
크랭크축의 회전과 관계없이 작동되는 기구임

21 크랭크축 회전수
- 4행정 사이클 엔진 : 1사이클을 완료할 때 크랭크축은 2회전함
- 2행정 사이클 엔진 : 1사이클 완료했을 때 크랭크축은 1회전함

22 배터리가 방전되면 디젤엔진의 시동이 안 됨

23 팬벨트 장력이 과소할 때 발생하는 현상
- 발전기 충전량 부족
- 엔진 과열

24 팬벨트 장력이 과대할 때 발생하는 현상
- 발전기 베어링 손상

25 엔진오일의 구비조건
- 기포 발생과 카본 생성에 대한 저항력이 클 것
- 인화점과 발화점이 높을 것
- 점도와 비중이 적당할 것
- 응고점이 낮을 것

26 엔진오일의 작용
- 밀봉작용 : 피스톤과 실린더 사이에 유막을 형성하여 압축 및 연소가스가 누설되지 않도록 기밀 유지하는 작용
- 방청작용 : 오일이 유막을 형성하여 수분 및 부식성 가스의 침투를 막고 침투한 가스에 대해 치환하는 작용
- 냉각작용 : 오일이 각 부의 마찰열을 흡수하여 오일팬에서 방열하는 작용
- 감마작용 : 오일이 각 부의 마찰을 적게 하여 기계의 마모를 줄여주는 작용

27 엔진오일의 여과방식
- 전류식 : 오일펌프에서 압송한 오일의 전량을 오일필터에서 여과시킨 후 엔진의 각 윤활부로 공급하는 방식으로 소형 승용차 엔진에 가장 많이 사용
- 샨트식 : 복합식을 말하며 오일펌프에서 압송한 오일의 일부를 오일필터에서 여과시킨 후 엔진의 각 윤활부로 공급하고, 또 일부는 오일팬으로 보내는 방식
- 분류식 : 오일펌프에서 압송한 오일은 엔진 각 윤활부에 직접 공급하고, 바이패스되는 오일은 오일필터에서 여과시킨 후 오일팬으로 보내는 방식

28 엔진오일의 공급방식
- 비산식 : 크랭크축의 디퍼로 오일을 실린더 벽으로 뿌려서 윤활하는 방식
- 압송식 : 오일펌프로 오일을 공급하여 윤활하는 방식
- 비산 압송식 : 비산 압력식과 같은 말이며 비산식과 압송식을 조합한 방식

29 압송 급유 방식
일반적으로 엔진에서 가장 많이 사용하는 윤활 방식

30 엔진오일의 압력이 낮아지는 원인
- 엔진 각부의 마모가 심함
- 오일의 점도가 과도하게 낮음
- 오일량이 부족함
- 오일펌프의 성능이 좋지 않음
- 오일펌프가 과도하게 마모됨
- 계통 내 누유가 발생함
- ※ 오일 점도가 과도하게 높음 : 오일의 압력이 높아지는 원인

30. 점도지수가 높은 오일일수록 온도변화에 따른 점도변화가 작음

31. 라디에이터의 구비조건
    - 공기의 흐름 저항이 작을 것
    - 가볍고 작으며 강도가 클 것
    - 냉각수의 흐름 저항이 작을 것
    - 단위 면적당 방열량이 클 것

32. 부동액의 구비조건
    - 비등점이 물보다 높을 것
    - 물과 쉽게 혼합될 것
    - 침전물이 발생하지 않을 것
    - 부식성이 없을 것

33. 부동액으로 사용되는 화합물
    - 메탄올
    - 글리세린
    - 에틸렌글리콜
    ※ 에틸렌글리콜 계열을 가장 많이 사용함

34. 라디에이터 캡의 압력스프링 장력이 약해지면 엔진이 과열함
    ※ 라디에이터 캡의 압력스프링 장력이 약해지면 냉각회로 내 증기압이 낮아져서 냉각수의 끓는점도 낮아짐. 따라서 냉각수가 더 빨리 끓음으로 인해 엔진이 과열될 수 있음

35. 라디에이터에 연결된 보조탱크의 특징
    - 장기간 동안 냉각수 보충이 필요 없음
    - 냉각수의 체적이 팽창하는 것을 흡수함
    - 오버 플로우 되어도 증기만 방출됨
    ※ 냉각수 온도를 적절하게 조절함 : 수온조절기(써모스탯)의 역할

36. 엔진이 과열하는 원인
    - 냉각수 부족
    - 냉각팬벨트의 헐거움
    - 써모스탯이 닫힌 채 고장
    - 냉각회로 내 물때 과다
    - 라디에이터 코어 막힘

37. 써모스탯이 열린 채 고장나면 엔진 시동 후 충분한 시간이 지났음에도 냉각수 온도가 정상적으로 상승하지 않으므로 엔진이 과냉됨

38. 엔진의 냉각수가 줄어드는 고장 원인 및 정비방법
    - 라디에이터 또는 히터 호스 불량 – 수리 및 호스 교환
    - 수온조절기 하우징 불량 – 하우징 및 개스킷 교환
    - 워터펌프 불량 – 교환
    - 라디에이터 캡 불량 – 라디에이터 캡 교환

39. 디젤엔진의 분사펌프
    - 타이머 : 디젤엔진의 연료 분사펌프에서 엔진 회전수에 따라 분사시기 제어
    - 조속기 : 디젤엔진의 연료 분사펌프에서 엔진 회전수에 따라 분사량 제어

40. 디젤엔진에서 연료가 정상적으로 공급되지 않아 시동이 꺼지는 원인
    - 연료필터 막힘
    - 연료탱크 내 이물질 과다
    - 연료파이프 파손

41. 프라이밍 펌프 : 연료라인 내에 있는 공기를 배출하기 위해 사용하는 펌프

42. 커먼레일 연료분사 장치의 저압부
- 1차 연료펌프
- 연료필터
- 연료 스트레이너

※ 저압부 : 연료탱크~고압펌프 입구,
고압부 : 고압펌프 출구~인젝터

43. 디젤엔진에서 분사노즐의 요구조건
- 연료를 미세한 안개 모양으로 분사하여 쉽게 착화하게 할 것
- 고온, 고압에서 장기간 사용할 수 있을 것
- 분무를 연소실의 구석구석까지 뿌려지게 할 것
- 연료의 분사 끝에서 후적이 발생하지 않을 것

※ 분사노즐의 3대 조건 : 무화, 분산, 관통
※ 분사노즐의 종류 : 스로틀형, 핀틀형, 홀형

44. 디젤엔진에서 엔진 부조가 발생하는 원인
- 거버너 작동 불량
- 연료 공급 불량
- 분사시기 조정 불량

45. 작동 중인 엔진에서 에어크리너가 막히면 배기가스 색이 검은색이고 엔진 출력은 저하함

46. 터보차저는 체적효율을 향상시켜 엔진 출력 및 토크를 증가시키기 위해 장착함

Chapter 2 전기, 섀시, 기중기 작업장치

전기

01 배터리 케이스와 커버 세척에 가장 적절한 물질 : 물, 소다

02 배터리의 충·방전작용과 가장 관계있는 작용 : 화학작용

03 배터리 충전이 불량한 원인 : 레귤레이터가 고장일 때

04 배터리의 자기방전 원인
- 음극판의 작용물질이 황산과 화학 반응하여 황산납이 되기 때문
- 전해액에 포함된 불순물이 국부전지를 형성하기 때문
- 탈락한 극판 작용물질이 배터리 내부에 퇴적되기 때문

05 배터리 급속충전 시 유의사항
- 충전시간은 가능한 짧게 해야 함
- 충전전류는 배터리 용량의 50%로 해야 함
- 충전 중 가스가 많이 발생하면 충전을 중지해야 함
- 충전 중 전해액의 온도가 45℃가 넘지 않도록 해야 함

06 배터리를 병렬연결하면 전압은 동일하고 용량은 증가함. 또한, 직렬연결하면 용량은 동일하고 전압은 증가함. 이때 '증가'라는 것은 배터리 개수에 비례함. 예를 들어, 동일한 배터리 2개를 직렬연결하면 용량은 동일하고 전압은 2배 증가함

07 12V용 납산축전지의 방전종지전압 : 10.5V

08 납산배터리를 충전기로 충전 시 전해액의 온도가 최대 45℃를 넘으면 위험한 상황이 발생할 수 있음

09 납산 배터리의 전해액 : 묽은 황산

10 납산 배터리의 전해액이 자연 감소되었을 때 보충에 가장 적합한 물질 : 증류수

11 교류 발전기의 구성부품
- 스테이터 코일
- 전압 조정기
- 슬립링
- 다이오드

12 전압 조정기의 종류
- 카본파일식
- 접점식
- 트랜지스터식

13 교류발전기에서 정류다이오드의 역할 : 교류를 정류하고 역류를 방지함

14 스테이터 코일 : AC(Alternating Current) 발전기에서 전류가 발생하는 곳

15 로터 코일 : AC(Alternating Current) 발전기에서 자속이 발생하는 곳

16 운전 중 계기판에 충전 경고등 점등의 의미 : 충전이 되지 않고 있음

17 직류 직권 전동기 : 건설기계에서 주로 사용하는 시동전동기의 형식

18 시동모터의 시험항목
- 회전력 시험
- 무부하 시험
- 저항 시험

19 점화스위치를 ST로 했을 때 시동모터의 솔레노이드 스위치는 작동되나 시동모터는 작동되지 않은 원인
- 배터리 방전
- 엔진 크랭크축, 피스톤 고착
- 시동모터 브러시 손상

20 스타트 릴레이의 설치목적
- 키 스위치를 보호하기 위해서
- 시동모터로 큰 전류를 보내어 충분한 크랭킹 속도를 유지하기 위해서
- 엔진 시동을 용이하게 하기 위해서

21 실드형 예열플러그에 대한 설명
- 배터리 전압을 강하시키기 위해 저항기를 직렬 접속함
- 열선이 병렬로 연결되어 있음
- 발열량이 많고 열용량이 큼
- 히트 코일이 노출되어 있음

22 전구가 끊어지거나 고장 시 조치방법
- 실드빔 형식 : 전조등 조립체 전체 교환
- 세미 실드빔 형식 : 전구만 따로 교환

섀시

01 자동변속기에서 토크컨버터의 구성요소 : 터빈, 스테이터, 펌프
※ 가이드링 : 유체클러치의 구성 부품

02 스톨 포인트 : 토크 컨버터에서 토크가 최댓값이 될 때

03 스테이터의 역할 : 자동변속기 오일의 방향을 바꾸어 토크를 상승시킴

04 자동변속기가 과열하는 원인
- 자동변속기 오일이 규정량보다 적음
- 자동변속기 오일쿨러가 막힘
- 메인 압력이 높음
- 과부하 운전을 계속함

05 클러치의 미끄러짐이 가장 현저하게 발생하는 시기 : 가속 시

06 수동변속기가 장착된 건설기계를 운행하는 중에 급가속 시켰더니 엔진 회전수는 상승하나 차속이 상승되지 않는 원인 : 클러치 디스크의 마모가 과도하게 클 때

07 클러치 페달에 유격을 두는 이유 : 클러치의 미끄럼을 방지하기 위해

08 브레이크 드럼의 구비조건
- 충분한 강성을 가지고 있을 것
- 회전 평형이 유지될 것
- 가벼울 것
- 방열성이 우수할 것

2. 전기, 섀시, 기중기 작업장치

09 브레이크 계통 내 베이퍼록이 발생하는 원인
- 긴 내리막길에서 과도한 브레이크 사용
- 드럼과 라이닝의 끌림에 의한 가열
- 비점이 낮은 브레이크액 사용
- 마스터실린더 내외 잔압 저하

10 조향핸들의 유격이 커지는 원인
- 앞 차륜 베어링 과대 마모
- 피트먼 암의 헐거움
- 조향기어 및 링키지 조정 불량

11 유압식 조향장치에서 조향핸들의 조작이 무거워지는 원인
- 조향펌프의 회전수가 과도하게 느림
- 유압이 낮음
- 오일 부족
- 유압계통 내 공기 유입

12 프로펠러 샤프트(추진축)
- 자재 이음 : 각도 변화를 일으킴
- 슬립 이음 : 길이 변화를 일으킴

13 파이널드라이버기어 : 엔진에서 발생한 동력을 바퀴까지 전달 시 최종적으로 감속작용을 함

14 차동기어장치에 대한 설명
- 선회 시 외측 바퀴의 회전수를 증가시킴
- 일반적으로 차동기어장치는 노면의 저항을 작게 받는 구동바퀴의 회전수가 빠름
- 선회 시 좌·우 구동바퀴의 회전수를 다르게 함

15 조향바퀴의 얼라이먼트(alignment) 종류
① 캐스터
- 정(+)의 캐스터 : 자동차를 측면에서 보았을 때 킹핀의 위쪽이 휠 허브를 지나 노면에 수직인 직선의 '뒤'쪽으로 기울어져 있는 상태
- 부(-)의 캐스터 : 자동차를 측면에서 보았을 때, 킹핀의 위쪽이 휠 허브를 지나 노면에 수직인 직선의 '앞'쪽으로 기울어져 있는 상태

② 토우
- 토인 : 앞바퀴를 위에서 아래로 보았을 때 앞쪽이 뒤쪽보다 좁게 되어져 있는 상태
- 토아웃 : 앞바퀴를 위에서 아래로 보았을 때 뒤쪽이 앞쪽보다 좁게 되어져 있는 상태

③ 캠버
- 정(+)의 캠버 : 앞바퀴의 '아래'쪽이 '위'쪽보다 좁은 상태
- 부(-)의 캠버 : 앞바퀴의 '위'쪽이 '아래'쪽보다 좁은 상태

④ 킹핀 경사각 : 앞바퀴를 앞쪽에서 보았을 때 킹핀의 윗부분이 안쪽으로 경사지게 설치되어 있는데, 이때 킹핀축 중심과 노면에 대한 수직선이 이루는 각도

16 앞바퀴 정렬의 역할
- 방향 안정성을 줌
- 조향 휠의 조작력을 작게 해줌
- 타이어의 수명을 연장 시켜줌
- 타이어의 마모를 최소로 함

17 **캠버의 필요성**
- 조향핸들의 조작을 가볍게 해줌
- 앞차축의 힘을 적게 해줌
- 토우(toe)와 관련성이 있음
※ 조향 시 바퀴의 복원력이 발생함 : 캐스터 또는 킹핀에 대한 설명

18 **타이어의 구조**
- 카커스(Carcass) : 타이어의 뼈대가 되는 부분이며, 튜브의 공기압에 견디면서 일정한 체적을 유지하고 하중이나 충격에 변형되면서 완충작용을 하고 내열성 고무로 밀착시킨 구조
- 트레드(Tread) : 노면과 직접적으로 접촉하는 부분
- 브레이커(Breaker) : 트레드와 카커스의 중간에 위치한 코드 벨트
- 비드(Bead) : 카커스 코드 벨트의 양단이 감기는 철선

19 **타이어에서 트레드 패턴과 관련된 항목**
- 타이어의 배수 효과
- 제동력
- 구동력, 견인력

기중기 작업장치

01 **기중기의 작업종류** : 화물 적하작업, 크레인 작업, 파일항타 작업

02 **외부 수축식 브레이크** : 가장 일반적인 붐 호이스트의 브레이크 형식

03 **내부 확장식 브레이크** : 일반적으로 사용되고 있는 드럼 클러치 형식

04 **붐 각**
- 최소 제한각 : 20°
- 최대 제한각 : 78°
- 최대 안전각 : 66°30′

05 **붐 각 및 성능**
- 붐 각, 기중능력은 서로 비례한다.
- 붐 각, 작업 반경은 서로 반비례한다.
- 붐 길이, 작업 반경은 서로 비례한다.

06 **붐 기울기** : 무부하 상태에서 붐을 45° 기울이고 엔진 정지 후 붐의 기울기 변화량은 10분간 2° 이내

07 **데릭 실린더** : 붐을 상승·하강시키는 역할을 하는 실린더

08 **와이어로프의 구성요소** : 소선, 심강, 심선, 가닥

09 **해지장치** : 와이어로프 이탈을 방지하기 위해 훅에 설치한 안전장치

2. 전기, 섀시, 기중기 작업장치

10 소켓장치 : 와이어로프 끝을 고정시키는 방식

11 안전율 4.0 와이어로프
- 지지 로프
- 보조 로프
- 붐 신축용 로프
- 지브의 지지용 와이어로프
- 고정용 와이어로프

12 안전율 5.0 와이어로프
- 권상용 와이어로프
- 지브의 기복용 와이어로프
- 호스트 로프

13 와이어로프 지름 28mm 초과 : 클립 6개 이상 고정

14 와이어로프 지름 16mm 이하 : 클립 4개 고정

15 와이어로프 지름 16mm 초과 28mm 이하 : 클립 5개 고정

16 와이어로프의 점검방법
- 마모가 공칭지름의 7% 초과하면 안 된다.
- 한 가닥에서 소선 수가 10% 이상 절단되면 안 된다.

17 플리트(Fleet) 각도 : 와이어로프가 엇갈려 겹쳐서 감기는 것 방지

18 권상용 드럼 홈이 없는 경우 : 플리트 각도는 2° 이내

19 권상용 드럼 홈이 있는 경우 : 플리트 각도는 4° 이내

20 훅 : 갈고리 모양으로 로프 등을 걸어서 중량물을 달아올리는 데 사용된다.

21 훅의 종류 : 파운드리 훅, 스위벨 훅, 아이 훅, 생크 훅

22 훅의 개조 금지사항 : 용접, 열처리, 전기도금, 기계가공, 훅 해지장치 제거

23 훅의 점검방법
- 균열이 있으면 안 된다.
- 경화 및 연화가 있으면 안 된다.
- 개구부가 신품 간격의 5% 초과하면 안 된다.
- 마모가 신품 지름의 5% 초과하면 안 된다.

24 체인의 점검방법
- 변형이나 균열이 있으면 안 된다.
- 마모가 신품 지름의 10% 초과하면 안 된다.
- 전장이 신품 길이의 5% 초과하면 안 된다.

25 백호 : 파워셔블의 버킷을 앞으로 끌어당겨 토사를 퍼올리는 데 사용

26 셔블 : 장비가 있는 장소보다 높은 곳을 굴착작업에 사용

27 클램셸 : 수직굴토, 배수구 굴삭 및 청소 작업에 사용

28 디젤 해머 : 파일 항타작업에 사용

29 파일 드라이버 : 주로 항타 및 항발작업에 사용

30 드래그 라인 : 수중 굴착작업 등과 같이 기계의 설치 지반보다 낮은 곳을 파는 작업에 사용

31 드래그 라인(Drag Line)의 작업 사이클 : 굴착 → 선회 → 흙 쏟기 → 선회 → 굴착

32 드래그 라인의 작업방법
- 버킷의 투스(Tooth)를 날카롭게 연마한다.
- 굴착 시 경사면이 기중기 앞쪽에 위치하도록 한다.
- 기중기 앞쪽에 토사를 쌓아두지 않는다.

33 페어리드 : 드래그라인에서 드래그 로프를 드럼에 잘 감기도록 하는 장치

34 기중기 작업 전 점검해야할 안전장치 : 훅 과권장치, 붐 과권장치, 과부하 방지장치

35 기중기의 주요검사항목
- 드럼
- 와이어로프
- 연장구조물
- 안정기(아우트리거)
- 선회장치
- 안전장치
- 제어장치
- 연장구조물 구동장치

36 기중기의 후방안정도 향상 조건
- 아웃트리거가 없어야 한다.
- 최소 작업 반경이어야 한다.
- 지면이 평탄하고 단단해야한다.
- 달아올림기구에 하중이 가해지지 않아야 한다.

37 기중기 주행 시 유의사항
- 타이어식 기중기 주차 시 반드시 주차 브레이크 사용한다.
- 주행 시 선회 록(Lock) 고정시킨다.
- 언덕길 올라갈 때 붐 낮춘다.
- 고압선 아래 시 간격을 여유롭게 두고 신호자의 지시에 따른다.
- 아우트리거 설치 시 기중기가 수평 되도록 정렬시킨다.

38 크레인 작업 시 후방전도의 위험 상황
- 급경사로 내려올 경우
- 붐 기복각도가 큰 상태에서 기중기를 앞으로 이동할 경우
- 붐 기복각도가 큰 상태에서 급가속으로 양중할 경우
- 양중물을 급작스럽게 해제하여 반력이 붐 후방으로 발생할 경우

39 크레인 작업종료 시 안전수칙
- 훅은 최대한 감아올려 차량에 고정한다.
- 붐은 인입시킨다.
- 줄걸이 용구를 분리하여 보관한다.
- 지반이 약한 곳에 주차하지 않는다.

2. 전기, 섀시, 기중기 작업장치

40 기중기 인양작업 시 줄 걸이 안전사항
- 원칙적으로 신호자는 1명이다.
- 신호자는 조종사가 잘 볼 수 있는 안전한 위치에서 신호 보낸다.
- 2인 이상 고리걸이 작업 시 상호 간에 소리내면서 작업한다.

41 줄걸이 용구 분리 시 주의사항
- 와이어로프를 잡아당겨 빼지 않는다.
- 혹을 2m 이상 권상한 상태로 둔다.
- 줄걸이 용구는 분리하여 보관한다.
- 직경이 큰 와이어로프는 잘 흔들린다.

42 크레인 작업 시 안전사항
- 지면과 약 30cm 떨어진 지점에서 정지 후 안전 확인하고 상승한다.
- 붐 각은 20° 이상 또는 78° 이하로 화물 인양한다.
- 비스듬히 끌어 올리지 않고 수직으로 끌어올린다.
- 저속으로 천천히 감아올리고 인장력 받기 시작할 때 우선 정지한다.

43 감아올리기 작업 시 주의사항
- 지면과 약 5cm 떨어진 지점에서 정지한다.
- 비스듬히 끌어올리면 안 된다.
- 장력이 가해질 경우 일단 작업 중지한다.
- 감아올릴 경우 급격히 상승하지 않는다.

44 풀어내리기 작업 시 주의사항
- 지면과 약 20cm 떨어진 지점에서 일단 정지한다.
- 신호자 신호에 의해 천천히 하강한다.
- 풀어내릴 경우 급격히 하강하지 않는다.

45 트레일러에 기중기 상차방법
- 아우트리거는 완전히 집어넣고 상차한다.
- 붐을 분리시키기 힘든 경우 낮고 짧게 유지한다.
- 흔들리거나 미끄러져서 전도되지 않도록 고정한다.

Chapter 3 유압일반

01 유압회로에서 작동유의 정상온도 범위
- 50~70℃

02 압력의 단위
- kPa
- bar
- kgf/cm²

※ 1bar ≒ 1.02kgf/cm² ≒ 1atm ≒ 14.5psi ≒ 100,000Pa = 100kPa = 0.1MPa

03 유압유의 구비조건
- 점도지수가 커야 함
- 비압축성이어야 함
- 체적 탄성계수가 커야 함
- 인화점 및 발화점이 높아야 함

04 파스칼의 원리 : 유압기기는 작은 힘으로 큰 힘을 얻는 장치의 원리

05 캐비테이션 현상 : 유압이 진공에 가까워짐으로써 기포가 생기고 이로 인해 국부적인 고압이나 소음이 발생하는 현상

06 채터링 현상 : 릴리프밸브에서 볼이 밸브 시트를 두들겨서 소음을 발생시키는 현상

07 유압펌프의 흡입구에서 캐비테이션 현상의 방지방법
- 흡입관의 굵기를 유압 본체의 연결구의 크기와 같은 것을 사용함
- 흡입구의 양정을 1m 이하로 함
- 펌프의 운전속도를 규정 속도 이상으로 하지 않음

08 유압 작동부에서 오일 누설 시 가장 먼저 점검해야 하는 곳 : 씰(Seal)

09 유압유의 점도가 높을 때 발생하는 현상
- 동력 손실이 증가함
- 열 발생 원인임
- 관내의 마찰 손실이 증가함
- 유압이 높아짐

10 유압회로 내 제어밸브의 종류
- 방향제어밸브 : 체크밸브, 셔틀밸브, 감속밸브, 스풀밸브, 2·3·4방향밸브 등
- 유량제어밸브 : 스로틀밸브(교축밸브), 니들밸브, 유량조정밸브 등
- 압력제어밸브 : 릴리프밸브, 리듀싱밸브, 언로드밸브, 시퀀스밸브, 카운터밸런스밸브 등

11 유압회로 내 밸브의 기능 및 역할

① 방향제어밸브
- 스풀 밸브 : 축 방향으로 이동하여 오일의 흐름을 변환하는 밸브
- 체크 밸브 : 유압장치에서 회로 내 잔압을 유지하고 역류를 방지하는 밸브
- 감속 밸브 : 스풀을 작동시켜 유로를 서서히 개폐하여 작동체의 발진, 감속, 정지 변환 등을 충격없이 하는 밸브

- 셔틀 밸브 : 출구가 최고 압력의 입구를 선택하는 기능을 가지고 있으며 저압측은 통제하고 고압측만 통과시키는 밸브

② 유량제어밸브
- 스로틀 밸브 : 통로의 단면적을 바꿔서 교축 작용으로 유량과 감압을 조절하는 밸브

③ 압력제어밸브
- 릴리프 밸브 : 유압이 규정값 보다 높아질 때 작동하여 회로를 보호하는 밸브
- 시퀀스 밸브 : 두 개 이상의 분기회로에서 유압 엑츄에이터의 작동순서를 제어하는 밸브
- 리듀싱 밸브 : 1차측 압력과 관계없이 분기회로에서 2차측 압력을 설정압력까지 감압하는 밸브
- 카운터 밸런스 밸브 : 중력으로 인해 낙하를 방지하기 위해 배압을 유지하는 밸브
- 언로더밸브 : 일정조건에서 펌프를 무부하로 하기 위해 사용되는 밸브임

12 유량제어를 통해 작업속도를 조절하는 회로
- 블리드 오프(Bleed off) 회로 : 실린더 입구의 분기회로에 설치한 회로로서 엑츄에이터에 흐르는 유량의 일부를 탱크로 분기함
- 미터 인(Meter in) 회로 : 엑츄에이터 입구 측 관로에 설치한 회로로서 실린더로 유입하는 유량을 직접 제어함
- 미터 아웃(Meter out) 회로 : 엑츄에이터 출구 측 관로에 설치한 회로로서 실린더로부터 유출하는 유량을 직접 제어함

13 유압 액추에이터의 작동속도와 가장 관련 있는 특성 : 유량

14 유압실린더의 작동속도가 정상보다 느릴 경우의 원인 : 회로 내 유량이 부족하기 때문

15 유압실린더의 지지방식
- 플랜지 형식
- 클레비스 형식
- 푸드 형식
- 트러니언 형식

16 액추에이터 : 유압펌프를 통해 송출된 에너지를 직선운동이나 회전운동을 통해 기계적 일을 하는 기기

17 어큐뮬레이터 : 유체에너지를 일시 저장하여 맥동 및 충격압력을 흡수하고 부하가 클 때 저장해둔 에너지를 방출하여 순간적인 과부하를 방지

18 유압펌프 : 엔진의 기계적 에너지를 유압 에너지로 변환하는 기기

19 유압펌프에서 작동유 누유 여부에 대한 점검사항
- 운전자가 관심을 가지고 지속적으로 점검해야 함
- 고정 볼트가 이완된 경우 추가 조임을 해야 함
- 정상 작동 온도로 난기 운전을 실시하여 점검하는 것이 좋음
- 하우징에 균열이 발생되면 유압펌프 조립체(또는 하우징)을 교환해야 함

20 유압모터 : 유체 에너지를 이용하여 기계적인 일로 변환하는 기기

21 유압모터의 특징
- 과부하에 대해 안전함
- 소형으로 강력한 힘을 낼 수 있음
- 무단변속이 용이함
- 정 · 역회전 변화가 가능함

22 유압모터의 단점
- 작동유가 누출되면 작업 성능에 지장이 발생한다.
- 작동유에 먼지 및 공기가 유입되지 않도록 보수에 주의한다.
- 작동유의 점도변화에 의하여 유압모터의 사용에 제한이 있다.

23 기어펌프는 정용량 펌프에 해당함

24 기어모터의 특징
- 구조가 간단하고 가격이 저렴함
- 유압유에 이물질이 혼합되어도 고장 발생이 적음
- 일반적으로 스퍼기어를 사용하나 헬리컬기어도 사용함

25 일반적인 엔진 오일탱크 내의 구성부품
- 배플
- 스트레이너
- 드레인플러그

26 플렉시블 호스 : 유압장치에서 작동이나 움직임이 있는 곳의 연결관

27 유니온 조인트 : 호이스트형 유압호스 연결부에 가장 많이 사용

28 자주 출제되는 유압기호 표시

3. 유압일반

Chapter 4 건설기계 법규 및 도로통행방법

01 건설기계의 범위
- 불도저(무한궤도 또는 타이어식)
- 굴착기(무한궤도 또는 타이어식으로 굴착장치를 가진 자체중량 1톤 이상)
- 로더(무한궤도 또는 타이어식으로 적재장치를 가진 자체중량 2톤 이상)
- 지게차(타이어식으로 들어올림장치와 조종석을 가진 것)
- 스크레이퍼(흙,모래의 굴착 및 운반장치를 가진 자주식)
- 덤프트럭(적재용량 12톤 이상, 단 적재용량 12톤 이상 20톤 미만의 것 중 자동차로 등록된 것은 제외)
- 기중기(무한궤도 또는 타이어식으로 강재의 지주 및 선회장치를 가진 것, 단 궤도(레일)식은 제외)
- 모터그레이더(정지장치를 가진 자주식)
- 롤러(조종석과 전압장치를 가진 자주식, 피견인 진동식)
- 노상안정기(노상안정장치를 가진 자주식)
- 콘크리트뱃칭플랜트(골재저장통, 계량장치 및 혼합장치를 가진 것 중 원동기를 가진 이동식)
- 콘크리트피니셔(정리 및 사상장치를 가진 것 중 원동기를 가진 것)
- 콘크리트믹서트럭(혼합장치를 가진 자주식)
- 콘크리트펌프(콘크리트배송능력이 매시간당 5세제곱미터 이상으로 원동기를 가진 이동식과 트럭적재식)
- 아스팔트믹싱플랜트(골재공급장치, 건조가열장치, 혼합장치, 아스팔트공급장치를 가진 것으로 원동기를 가진 이동식)
- 아스팔트살포기(자주식)
- 골재살포기(자주식)
- 쇄석기(20킬로와트 이상의 원동기를 가진 이동식)
- 공기압축기[공기토출량이 매분당 2.83세제곱미터(매제곱센티미터당 7킬로그램 기준) 이상의 이동식]
- 천공기(자주식)
- 항타 및 항발기(원동기를 가진 것으로 헤머 또는 뽑는 장치의 중량이 0.5톤 이상)
- 자갈채취기(자갈채취장치를 가진 것으로 원동기를 가진 것)
- 준설선(펌프식, 바켓식, 그래브식으로 비자항식, 단 선박으로 등록된 것은 제외)
- 특수건설기계
- 타워크레인(수직타워의 상부에 위치한 지브를 선회시켜 중량물을 상하, 전후 또는 좌우로 이동시킬 수 있는 것으로서 원동기 또는 전동기를 가진 것, 단 공장등록대장에 등록된 것은 제외)

02 건설기계 범위에 속하지 않는 것
- 천장크레인
- 차체굴절식 조향장치가 있는 자체중량 4톤 미만의 로더
- 적재용량 11톤 이하의 덤프트럭

4. 건설기계 법규 및 도로통행방법

03 소형건설기계의 분류
- 3톤 미만 굴착기
- 3톤 미만 지게차
- 3톤 미만 타워크레인
- 5톤 미만 천공기
- 5톤 미만 로더

04 소형건설기계 조종 교육시간
- 18시간(이론 6시간, 실습 12시간) : 3톤 이상 5톤 미만 로더, 5톤 미만 불도저
- 12시간(이론 6시간, 실습 6시간) : 3톤 미만 로더, 3톤 미만 지게차, 3톤 미만 굴착기

05 자동차 1종 대형 면허로 조종할 수 없는 건설기계
- 지게차
- 굴착기

  ※ 3톤 미만 지게차 : 1종 대형면허 또는 1종 보통면허가 있는 상태에서 12시간 교육이수 필요
  ※ 3톤 이상 지게차 : 지게차운전기능사 필요
  ※ 3톤 미만 굴착기 : 1종 대형면허 또는 1종 보통면허가 있는 상태에서 12시간 교육이수 필요
  ※ 3톤 이상 굴착기 : 굴착기운전기능사 필요

06 번호등: 최고속도가 15km/h 미만인 타이어식 건설기계가 갖추지 않아도 되는 조명

  ※ 후부반사기 : 최고속도가 15km/h 미만인 타이어식 건설기계가 반드시 갖춰야할 조명장치

07 규정속도
- 30km/h 이내 : 총중량 2톤 미만인 자동차를 총중량이 그의 3배 이상인 자동차로 견인 할 때
- 25km/h 이내 : 총중량 2톤 미만인 자동차를 총중량이 그의 3배 이상인 자동차로 견인 할 때 외, 이륜자동차가 견인할 때

08 30km/h 이상 속도를 낼 수 있는 타이어식 건설기계에 좌석 안전띠를 설치해야 함

09 우리나라에서 건설기계에 대한 정기검사를 실시하는 검사업무 대행기관 : 건설기계 안전 관리원

10 건설기계 사업을 영위하고자 하는 자는 시장·군수 또는 구청장에게 신고해야 함

11 건설기계 조종사면허를 면허취소하거나 면허효력을 정지시킬 수 있는 자 : 시장·군수 또는 구청장

  ※ 시장·군수 또는 구청장은 건설기계 조종사면허를 취소 또는 1년 이내의 기간을 정하여 면허효력을 정지시킬 수 있음

12 건설기계의 소유자는 대통령령이 정하는 바에 의하여 건설기계 등록을 해야 함

13 건설기계의 소유자가 건설기계를 등록하고자 할 때 등록신청은 사용 본거지의 관할 시·도지사에게 해야 함

14 건설기계 대여업을 하고자 하는 자는 시·도지사에게 등록해야 함

15 건설기계 등록사항 중 변경사항이 있을 때 소유자는 건설기계등록사항 변경신고서를 시·도지사에게 제출해야 함
   ※ 건설기계 등록사항 변경신고
   - 변경이 있는 날로부터 30일 이내 신고
   - 상속의 경우 상속 개시일로부터 3개월 이내 신고
   - 전시 또는 사변 등 기타 이에 준하는 국가비상사태 시에는 5일 이내 신고

16 건설기계 등록사항 변경신고 시 제출해야 하는 서류
   - 건설기계 검사증
   - 변경을 증명하는 서류
   - 건설기계 등록사항 변경신고서
   - 건설기계 등록증

17 건설기계 등록 시 건설기계 출처를 증명하는 서류
   - 매수증서(관청으로부터 매수)
   - 건설기계 제원표
   - 건설기계 제작증
   - 수입면장
   - 건설기계 소유자임을 증명하는 서류
   - 보험 또는 공제 가입 증명 서류

18 건설기계 매매업의 등록을 하고자 하는 자의 구비서류 : 보증보험증서 또는 하자보증금예치증서

19 건설기계 사업의 범위
   - 건설기계 폐기업
   - 건설기계 매매업
   - 건설기계 정비업
   - 건설기계 대여업

20 건설기계 정비업의 종류
   - 전문건설기계정비업
   - 종합건설기계정비업
   - 부분건설기계정비업

21 원동기 전문 건설기계 정비업의 사업범위
   - 연료펌프 분해정비
   - 실린더 헤드 탈착정비
   - 크랭크축 분해정비
   ※ 원동기 전문 건설기계 정비업은 유압장치 정비업을 할 수 없으며 유압장치 정비업은 종합 건설기계 정비업, 부분 건설기계 정비업, 건설기계 장비 시설을 갖춘 전문 정비사업자만 할 수 있음

22 수시검사 : 성능 불량 또는 사고가 자주 발생하는 건설기계의 안전성 등을 점검하는 검사

23 구조변경검사 : 건설기계의 주요 구조를 개조하거나 변경한 경우 실시하는 검사
   ※ 건설기계의 구조변경검사는 건설기계 검사소(검사대행자)에게 신청해야 함

24 정기검사 : 검사유효기간이 끝난 후에 계속해서 운행하려는 경우 실시하는 검사

4. 건설기계 법규 및 도로통행방법

25 덤프트럭이 출장검사를 받을 수 있는 경우
- 최고속도가 35km/h 미만인 경우
- 너비가 2.5m를 초과하는 경우
- 축중이 10톤을 초과하는 경우
- 차체 중량이 40톤 초과하는 경우

26 건설기계의 구조변경 및 개조 범위
- 건설기계의 길이, 너비, 높이 형식 변경
- 수상작업용 건설기계의 선체 형식 변경
- 조종장치의 형식 변경
- 원동기의 형식 변경
- 동력전달장치의 형식 변경
- 주행장치의 형식 변경
- 유압장치의 형식 변경
- 조향장치의 형식 변경
- 제동장치의 형식 변경
- 작업장치의 형식 변경

27 건설기계의 제동장치에 대한 정기검사를 면제 받고자 하는 경우 필요한 첨부 서류 : 건설기계 제동장치 정비확인서

※ 건설기계 제동장치 정비확인서는 건설기계정비업자가 발행함

28 건설기계 임시운행 사유
- 신개발 건설기계를 시험 및 연구 목적으로 운행하고자 할 때
- 확인검사를 받기 위해 건설기계를 검사장소로 운행하고자 할 때
- 신규등록검사를 받기 위해 건설기계를 검사장소로 운행하고자 할 때
- 건설기계 등록신청을 하기 위해 등록지로 운행하고자 할 때
- 판매 또는 전시를 위해 건설기계를 일시적으로 운행하고자 할 때
- 수출을 위해 건설기계를 선적지로 운행하고자 할 때
- 수출을 위해 등록을 말소한 건설기계를 정비·점검하고자 운행할 때

29 건설기계 등록말소 사유
- 건설기계를 도난당한 경우
- 건설기계의 차대가 등록 시의 차대와 상이한 경우
- 건설기계를 수출하는 경우
- 정기검사 유효기간이 만료된 날로부터 3개월 이내에 시·도지사의 최고를 지정 받고 지정된 기한까지 정기검사를 받지 않은 경우
- 건설기계를 폐기한 경우
- 연구·목적으로 사용하는 경우
- 부당한 방법으로 등록한 경우
- 천재지변 등 이에 준하는 사고로 사용할 수 없게 되거나 멸실된 경우
- 건설기계안전기준에 적합하지 않는 경우
- 구조적 결함으로 건설기계를 판매·제작자에게 반품한 경우

30 건설기계의 등록번호표에 표시되는 내용
- 등록번호
- 기종
- 용도
- 등록관청

31 자가용 건설기계 등록번호표의 도색
흰색 바탕에 검은색 문자

구분		일련번호	색상
비사업용	관용	0001~0999	흰색 바탕에 검은색 문자
	자가용	1000~5999	
대여사업용		6000~9999	주황색 바탕에 검은색 문자

32 등록건설기계의 기종별 표시

표시	기종	표시	기종
01	불도저	06	덤프트럭
02	굴착기	07	기중기
03	로더	08	모터그레이더
04	지게차	09	롤러
05	스크레이퍼	10	노상안전기

33 특별표지판을 부착해야 하는 대형건설 건설기계
- 최소회전반경 12m 초과
- 길이 16.7m 초과
- 총중량 40톤 초과
- 높이 4m 초과
- 너비가 2.5m 초과
- 총중량 상태에서 축하중이 10톤 초과

34 건설기계 등록 시 전시, 사변 등 국가비상사태에는 5일 이내에 등록해야 함

35 시·도지사로부터 등록번호표 제작 통지를 받은 건설기계 소유자는 3일 이내에 시·도지사에게 지정받은 등록번호표 제작자에게 등록번호표 제작을 신청해야 함

36 등록번호표 제작 등의 신청을 받은 등록 번호표 제작자는 7일 이내에 제작 등을 해야 함

37 등록사항 중 변경이 있을 시에는 변경이 있는 날로부터 30일 이내에 등록해야 함 (단, 상속의 경우 상속 개시일로부터 3개월 이내, 국가비상사태의 경우 5일 이내)

38 국가비상사태 외 평시에는 건설기계 취득일로부터 2개월 이내에 등록해야 함

39 건설기계의 등록을 말소할 때 등록번호표를 10일 이내에 시·도지사에게 반납해야 함

40 시·도지사가 수시검사를 명령하고자 할 때에는 수시검사를 받아야 할 날부터 10일 이전에 건설기계 소유자에게 명령서를 교부해야 함

41 건설기계의 구조변경 검사신청은 변경 일로부터 20일 이내에 해야 함

42 건설기계의 정기검사 신청기간은 정기검사 유효기간 만료일 전, 후 각각 30일 이내에 해야 함

43 건설기계의 정기점사 유효기간이 1년이 되는 것은 신규등록일로부터 20년 이상 경과되었을 때임

4. 건설기계 법규 및 도로통행방법

44 시·도지사는 검사 유효기간이 만료된 건설기계에 대해 유효기간이 만료된 날로부터 3개월 이내에 건설기계 소유자에게 최고해야 함

45 정기검사 유효기간
- 굴착기(타이어식) : 1년
- 덤프트럭 : 1년
- 기중기(타이어식, 트럭적재식) : 1년
- 천공기(트럭 적재식) : 2년
- 지게차(1톤 이상) : 2년
- 로더(타이어식) : 2년

46 건설기계의 정기검사 유효기간이 연장될 수 있는 경우
- 타워크레인 또는 천공기가 해체된 경우 – 해체되어 있는 기간 이내
- 압류된 건설기계의 경우 – 압류기간 이내
- 해외 임대를 위해 일시 반출되는 경우 – 반출기간 이내
- 건설기계 대여업을 휴지한 경우 – 휴지기간 이내

※ 건설기계의 정기검사를 연기하는 경우에는 그 연기기간을 6개월 이내로 함

47 100만 원 이하의 벌금
- 건설기계관리법상 건설기계의 구조변경검사를 받지 않은 자
- 정비명령을 이행하지 않은 자
- 구조변경 검사 또는 수시검사를 받지 않은 자
- 등록번호를 지워 없애거나 식별을 곤란하게 한 자

48 과태료 10만 원
- 건설기계 조종사의 변경 신고를 허위로 한 때
- 건설기계 검사증을 해당 건설기계에 비치하지 않은 때

49 1년 이하의 징역 또는 1천만 원 이하의 벌금
- 건설기계관리법상에서 건설기계를 도로에 방치하거나 정당한 사유 없이 타인의 토지에 버려둔 자
- 폐기요청을 받은 건설기계를 폐기하지 않거나 등록번호표를 폐기하지 않은 자
- 건설기계조종사면허를 받지 않고 건설기계를 조종한 자

50 2년 이하의 징역 또는 2천만 원 이하의 벌금
- 등록되지 않은 건설기계를 사용하거나 운행한 자

51 건설기계 조종사면허의 효력정지 사유가 발생한 경우 관련법상 면허효력 정기기간 : 1년 이내

※ 건설기계관리법상 시장·군수 또는 구청장은 건설기계 조종사면허를 취소 또는 1년 이내의 기간을 정하여 면허효력을 정지시킬 수 있음

52 건설기계 조종 중 재산피해를 입혔을 때 피해금액 50만 원당 면허효력 정지기간 : 1일

53 50만 원당 1일씩 이며 최대 90일을 넘지 못함. 예를 들어, 피해금액이 1천 만원이면 20일 면허효력 정지

53 건설기계 조종사의 면허취소 사유
- 고의로 인명피해를 일으킨 때
- 과실로 19명 이상에게 경상을 입힌 때
- 과실로 7명 이상에게 중상을 입힌 때
- 과실로 3명 이상을 사망하게 한 때

54 고의 또는 과실 이외 기타 인명 피해를 입힌 경우
- 경상 1명마다 면허효력 정지 5일
- 중상 1명마다 면허효력 정지 15일
- 사망 1명마다 면허효력 정지 45일

55 교통사고에 의한 경상의 기준 : 교통사고로 인해 5일 이상 3주 미만의 치료를 요하는 부상

56 교통사고에 의한 중상의 기준 : 3주 이상의 치료를 요하는 부상

57 건설기계 조종사 면허증의 반납 사유
- 면허효력이 정지된 경우
- 면허가 취소된 경우
- 면허증을 재교부 받은 후에 분실된 면허증을 발견한 경우

※ 면허증 반납 사유가 발생한 날로부터 10일 이내 주소지 관할 시장·군수 또는 구청장에게 반납해야 함

58 편도 4차로 자동차전용도로에서 지게차의 주행차로 : 4차로

59 최고속도의 50/100을 줄인 속도로 운행해야 하는 경우
- 폭우로 인해 가시거리가 100m 이내인 경우
- 눈이 20mm 이상으로 쌓인 경우
- 노면이 얼어붙은 경우

60 최고속도의 20/100을 줄인 속도로 운행해야 하는 경우
- 눈이 20mm 미만으로 쌓인 경우
- 노면이 젖은 경우

61 앞지르기 금지장소
- 다리 위, 경사로의 정상부근
- 급경사로의 내리막, 도로의 구부러진 곳
- 앞지르기 금지표지 설치장소
- 터널 안, 교차로
- 비탈길의 고갯마루 부근

62 올바른 정차 방법
- 진행방향과 평행하게 정차한다.
- 도로의 우측 가장자리에 정차한다.

63 주차 금지장소
- 화재경보기로부터 3m 이내인 곳
- 도로 공사를 하고 있는 경우 그 공사구역의 양쪽 가장자리로부터 5m 이내인 곳
- 터널 안 및 다리 위
- 소방용 기계 및 기구가 설치된 곳으로부터 5m 이내인 곳
- 소방용 방화 물통으로부터 5m 이내인 곳
- 소화전 또는 소화용 방화 물통의 흡수구나 흡수관을 넣는 구멍으로부터 5m 이내인 곳
- 지방경찰청장이 지정한 곳

4. 건설기계 법규 및 도로통행방법

64 주 · 정차 금지장소
- 횡단보도
- 건널목 가장자리 또는 횡단보도로부터 10m 이내
- 안전지대의 사방으로부터 각각 10m 이내
- 교차로 가장자리로부터 5m 이내

65 가장 우선적인 신호 : 경찰관 수신호

66 교통사고를 야기한 도주차량 신고로 인한 벌점상계에 대한 특혜점수 : 40점

67 벌점의 누산 점수 초과로 인한 면허취소 기준 중 1년간 최소 누산 점수 : 121점

68 음주운전 측정 및 처벌기준
- 술에 취한 상태의 기준 혈중알코올농도 : 0.03% 이상
- 면허정지 : 0.03% 이상 0.08% 미만
- 면허취소 : 0.08% 이상(만취상태)
- 단순음주 및 대물사고 : 면허정지 100일(대인사고 시 면허취소)

69 통행의 우선순위 : 긴급자동차 → 일반자동차 → 원동기장치 자전거
  ※ 긴급자동차 외 일반자동차 간의 통행 우선순위는 최고속도의 순서에 따름

70 차로가 설치된 도로에서 통행하는 방법 중 위반 되는 경우
- 두 개의 차로에 걸쳐 운행한 경우
- 갑자기 차로를 바꾸어 옆 차선에 끼어드는 경우
- 여러 차로를 연속적으로 가로 지르는 경우

※ 일반 통행도로에서 중앙 좌측부분을 통행하는 경우는 위반사항이 아님

71 도로교통법상에서 정의된 긴급자동차
- 위독환자의 수혈을 위한 혈액 운송 차
- 국군이나 연합군 긴급차에 유도되고 있는 차
- 응급 전신·전화 수리공사에 사용되는 차
- 긴급한 경찰업무수행에 사용되는 차
  ※ 긴급자동차 : 소방 · 구급 · 혈액공급 자동차 및 그밖에 대통령령이 정하는 자동차로서 그 본래의 긴급한 용도로 사용되고 있는 자동차

72 안전표지의 종류
- 보조표지
- 지시표지
- 주의표지
- 규제표지
- 노면표지

73 교통안전표지의 종류와 형태

Chapter 5 안전관리

01 강도율 : 연 1000 근로시간당 근로손실 일수

02 도수율(빈도율) : 연 100만 근로시간당 재해발생 건수

03 천인율(재해율) : 근로자수 1,000명 당 발생하는 재해자수의 비율

04 연천인율 : 근로자 1000명당 연간 발생하는 사상자 수

05 기중기의 안전규칙에서 와이어로프 또는 달기 체인의 권상 안전계수 : 5 이상

※ 안전계수 = 파단하중 ÷ 최대사용하중

06 전기화재 발생 시 적절한 소화장비
- CO_2 소화기
- 분말 소화기
- 모래

07 화재의 분류
- 일반화재(A급 화재)
- 유류화재(B급 화재)
- 전기화재(C급 화재)
- 금속화재(D급 화재)

08 유류화재 발생 시 소화방법
- ABC소화기를 사용함
- B급 화재 소화기를 사용함
- 모래를 뿌림

※ 일반화재 발생 시 소화방법 : 물을 뿌림

09 도시가스가 공급되는 지역에서 지하차도 굴착공사를 하고자 하는 경우 가스안전 영향평가를 작성하여 시장, 군수 또는 구청장에게 제출해야 함

10 가스안전 영향평가서를 작성해야 하는 공사 : 가스배관이 통과하는 지하보도

11 도로 굴착 중 황색 도시가스 보호포가 나온 경우 매설된 도시가스 배관의 압력 : 저압(0.1MPa 미만)

※ 지상배관은 가스압력과 관계없이 황색으로 표시함

12 도로 굴착 중 적색 도시가스 보호포가 나온 경우 매설된 도시가스 배관의 압력 : 중압(0.1MPa 이상 1MPa 미만) 이상

13 도로 굴착자는 되메움 공사를 끝낸 후 도시가스 배관의 손상을 방지 하기위해 최소 3개월 이상 침하유무를 확인해야 함

14 도시가스 관련법상 가스배관과의 수평거리 30cm 이내에서 파일 박기를 금지하도록 규정함

15 도시가스 배관 주위에 상수도관을 매설 시 최소한 도시가스 배관과 30cm 이상 이격해야 함

5. 안전관리

16 도시가스 배관을 아파트 단지 내 도로에 매설할 경우 배관 상부와 지면과 최소 0.6m 이격해야 함

17 지중전선로 중 직접 매설식에 의해 시설할 경우 토관의 깊이를 최소 0.6m 이상으로 해야 함(단, 차량 및 기타 중량물의 압력을 받을 우려는 없는 장소이다)

18 굴착 시 공동주택 등의 부지 내일 경우 도시가스배관 지하매설 심도 : 0.6m 이상

19 굴착 시 도로폭이 4m 이상 8m 미만일 경우 도시가스배관 지하매설 심도 : 1m 이상

20 굴착 시 도로폭 8m 이상 도로일 경우 도시가스배관 지하매설 심도 : 1.2m 이상

21 도로 굴착자가 가스배관 매설위치를 확인 시 인력으로 굴착을 실시해야 하는 범위 : 가스배관의 주위 1m 이내

22 도시가스 배관 주위에서 굴착장비 등으로 작업할 때 지켜야 할 사항
- 가스배관 주위 1m 까지는 장비로 작업이 가능함
- 가스배관 좌·우 1m 이내에서는 장비작업을 금하고 인력으로 작업해야 함
- 가스배관 주위 1m 이내에서는 어떤 장비의 작업도 금지함
- 가스배관 주위 1m 까지는 사람이 직접 확인할 경우 굴착기 등으로 작업할 수 있음

23 도시가스 배관 매설 시 라인마크는 배관 길이 최소 50m 마다 1개 이상 설치되어 있음

24 도로 굴착작업 중 전력케이블 표지시트가 발견되었을 때 조치방법
- 즉시 굴착작업을 중지하고 해당설비 관리자에게 연락 후 그 지시를 따름
※ 전력케이블 표지시트는 차도에서 지표면 아래 30cm 깊이에 설치되어 있음

25 한국전력공사에서는 고압 이상의 전선로에 대해 안전거리를 규정하고 있다.
154kV 송전선로에 대한 안전거리 : 160cm 이상

26 A의 명칭 : 현수애자

※ 현수애자 : 가공전선을 지지하기 위한 것이며, 전기적으로 절연하기 위해 사용함

27 고압 가공전선로 주상변압기를 설치할 때 높이 'H'는 시가지에서 4.5m, 시가지 외에서 4m임

18 접지 설비 : 전기기기로 인한 감전 사고를 방지하기 위해 필요한 가장 중요한 설비

19 안전사고 및 부상의 종류
- 경상해 : 부상으로 인해 1일 이상 7일 이하의 노동 손실을 가져온 상해 정도
- 중상해 : 부상으로 인해 8일 이상의 노동 손실을 가져온 상해 정도
- 사망 : 업무로 인해 목숨을 잃게 된 경우
- 무상해 사고 : 응급처치 이하의 상처로 작업에 종사하면서 치료를 받는 상해 정도

20 사고로 인한 재해가 가장 많이 발생하는 것 : 벨트, 풀리

21 풀리(Pulley)에 벨트를 걸 때 회전이 정지한 상태에서 걸어야 함

22 엔진의 구동벨트 점검 시 엔진의 상태 : 정지 상태

23 산소 용기에서 산소의 누출 여부를 가장 쉽고 안전하게 점검하는 방법 : 비눗물 사용

24 아세틸렌가스 용기의 취급 방법
- 전도, 전락 방지 조치를 할 것
- 충전용기와 빈 용기는 명확히 구분하여 각각 보관할 것
- 용기의 온도는 40℃ 이하로 할 것
- 용기는 반드시 세워서 보관할 것

25 가스 용접기에서 사용되는 색상
- 녹색 : 산소 용기, 산소 호스(도관)의 색상
- 청색 : 이산화탄소 용기의 색상
- 황색 : 아세틸렌 용기의 색상
- 적색 : 아세틸렌 호스(도관), 수소 용기의 색상

26 가스용접 시 안전사항
- 토치 끝으로 용접물의 위치를 바꾸면 안 됨
- 용접 가스를 들이 마시지 않도록 함
- 토치에 점화시킬 때 아세틸렌 밸브를 먼저 열고 그다음 산소 밸브를 엶
- 산소 누설 시험은 비눗물을 사용함

27 아세틸렌 가스용접의 특징
- 불꽃의 온도와 열효율이 낮음
- 이동이 편리함
- 유해광선이 아크용접보다 적게 발생함
- 설비비가 저렴함

28 렌치 작업 시 올바른 행동
- 스패너는 조금씩 돌리며 사용할 것

- 파이프 렌치는 반드시 둥근 물체에만 사용할 것
- 스패너는 앞으로 당기며 사용할 것

29 수공구의 올바른 사용방법
- 공구를 청결하게 하여 보관할 것
- 공구를 취급 시 올바른 방법으로 사용할 것
- 공구는 지정된 장소에 보관할 것
- 공구는 사용 전·후로 면 걸레로 깨끗이 닦아둘 것

30 스패너 사용 시 유의사항
- 보관 시 방청제를 바르고 건조한 곳에 보관함
- 파이프 등과 같은 연장대를 끼워서 사용하지 않음
- 녹이 생긴 볼트·너트에는 오일을 넣어 스며들게 한 후 돌림
- 지렛대용으로 사용하지 않음

31 크레인으로 무거운 화물을 위로 달아 올릴 때 주의사항
- 위로 달아 올릴 화물의 무게를 파악하여 제한하중 이하에서 작업한다.
- 매달린 화물이 불안전하다고 생각될 때는 즉시 작업을 중단한다.
- 신호자의 신호에 따라 작업한다.

32 방진마스크 : 먼지가 많이 발생하는 작업장에서 착용해야 하는 마스크

33 안전·보건표지의 종류와 형태
- 금지표지(8종) : 기본모형은 빨간색, 바탕은 흰색, 부호 및 그림은 검은색

- 안내표지(8종) : 바탕은 녹색, 부호 및 그림은 흰색

- 경고표지(15종) : 기본모형은 검은색·빨간색, 바탕은 노란색·무색, 부호 및 그림은 검은색

- 지시표지(9종) : 바탕은 파란색, 그림은 흰색

34 안전·보건표지에서 색채와 용도

색 채	용 도	표시 장소
빨간색	경고	화학물질 취급장소에서의 유해·위험 경고
빨간색	금지	정지신호, 소화설비 및 그 장소, 유해행위의 금지
노란색	경고	화학물질 취급장소에서의 유해·위험 경고 이외의 위험경고, 주의표지 또는 기계방호
파란색 (청색)	지시	특정행위의 지시 및 사실의 고지
녹색	안내	비상구 및 피난소, 사람 또는 차량의 통행표시
백색 (흰색)		파란색 또는 녹색에 대한 보조색
검정색	—	문자 및 빨간색 또는 노란색에 대한 보조색
보라색 (자주색)		방사능 등의 표시에 사용

PART 2
핵심이론 및 출제예상문제

Chapter 01 건설기계 기관

1 실린더 헤드, 블록 및 연소실

1) 실린더 헤드
① 실린더 헤드 개스킷 : 엔진에서 실린더 헤드와 실린더 블록 사이에 끼워져 연소실 압축가스의 누출을 방지하는 부품
② 실린더 헤드 면 연삭 시 압축비 변화 : 상승한다.
③ 실린더 헤드 변형도 측정기구 : 간극 게이지, 곧은자

2) 실린더 블록
① 실린더 간극 : 실린더와 피스톤(피스톤 스커트) 사이의 간극
② 실린더 간극 측정 시 측정부위 : 실린더와 피스톤 스커트
③ 실린더 마멸량
  ㉠ 축의 직각방향이 축 방향보다 실린더 마멸량이 더 크다.
  ㉡ 텔레스코핑 게이지를 사용하여 실린더 내경을 측정할 수도 있다.
  ㉢ 실린더 최대 마멸 부위는 실린더 상단부이다.
  ㉣ 마이크로미터 사용 전, 반드시 영점 조정을 한다.
④ 엔진 압축압력 : 압축행정 시 피스톤이 실린더 상단에 있을 때 혼합가스의 압력
  ㉠ 압축압력 정상 : 규정압력의 70%~110% 이내(해체·정비 시기)
  ㉡ 압축압력 낮음 : 규정압력의 70% 미만
  ㉢ 압축압력 높음 : 규정압력의 110% 초과
⑤ 피스톤 간극 과다 시 발생현상
  ㉠ 피스톤 슬랩   ㉡ 블로바이 가스 과다
  ㉢ 엔진 출력 저하   ㉣ 압축압력 저하

3) 디젤엔진 연소실
① 직접분사식의 특징

직접분사식의 장점	직접분사식의 단점
• 구조가 간단하다. • 연소실 표면적이 작아 냉각 손실이 적다. • 열효율과 평균유효압력이 높다. • 연료 소비율이 낮다. • 냉시동이 양호하다.	• 연료 분사 압력이 높다. • 디젤 노크가 잘 발생한다. • 엔진 회전수가 낮다 • 다공 노즐을 사용해서 잘 막힌다.

② 예연소실식의 특징

예연소실식의 장점	예연소실식의 단점
• 피스톤 헤드 구조가 간단하다. • 디젤 노크가 작아 정숙하다. • 연료 분사 압력이 낮다. • 비교적 저급 연료를 사용할 수 있다. • 핀틀 노즐을 사용해서 막히지 않는다.	• 냉시동 시 예열 플러그가 필요하다. • 연소실 표면적이 커서 냉각 손실이 크다. • 분기공에서 스로틀링 손실이 발생한다. • 열효율이 낮다. • 연료 소비율이 높다.

③ 와류실식의 특징

와류실식의 장점	와류실식의 단점
• 고속 운전이 가능하다. • 연료소비율이 예연소실보다 낮다. • 분기공이 커서 스로틀링 손실이 적다. • 핀틀 노즐을 사용해서 막히지 않는다.	• 냉시동 시 예열 플러그가 필요하다. • 연소실 표면적이 커서 냉각 손실이 크다. • 예연소실보다 디젤 노크가 많이 발생한다. • 제작하기 어렵다.

4) 예열플러그

① 실드형 예열플러그의 특징

㉠ 저항기가 필요 없다.

㉡ 병렬로 연결되어 있다.

㉢ 발열부가 얇은 열선으로 되어있다.

② 코일형 예열플러그의 특징

㉠ 별도로 저항기가 필요하다.

㉡ 히트 코일이 연소실에 노출되어 있다.

㉢ 직렬로 연결되어 있다.

❷ 흡·배기 밸브

1) 밸브의 구조

① 밸브 마진 두께가 규정값 이하가 되면 밸브를 교환한다.

② 밸브 면은 밸브 시트에 접촉되어 기밀을 유지하고 밸브 헤드에 누적되는 열을 시트에 전달한다.

③ 밸브 헤드에 누적되는 열은 대부분 밸브 면을 거쳐 밸브 시트를 통해 방출된다.

④ 일반적인 엔진에서 밸브 헤드는 흡기밸브가 배기밸브 보다 크다.

2) 밸브장치의 구비조건

① 충격에 대한 저항력이 클 것   ② 고온가스로부터 내부식성을 갖출 것

③ 내마모성을 갖출 것   ④ 열전도율이 높을 것

3) 밸브시트의 침하 시 발생현상
① 압축압력이 누설된다.
② 밸브와 로커암의 간극이 작아지게 된다.
③ 밸브가 완전히 닫히지 않는다.
④ 밸브 스프링 장력이 작아진다.

4) 밸브기구에서 캠 마모 시 발생현상
① 밸브스프링 장력이 약해진다.
② 압축압력이 누설된다.
③ 밸브간극이 커진다.

5) 밸브스프링 점검항목
① 자유고 : 자유고의 낮아짐 변화량은 3% 이내일 것
② 직각도 : 직각도는 자유높이 100mm당 3mm 이내일 것
③ 스프링 장력 : 스프링 장력의 감소는 표준값의 15% 이내일 것
④ 접촉면 상태 : 2/3 이상 수평일 것

❸ 피스톤 및 피스톤 링, 커넥팅 로드, 크랭크축 및 캠축

1) 피스톤 및 피스톤 링
① 피스톤의 구조
  ㉠ 랜드 : 엔진의 피스톤에서 피스톤 링이 끼워지는 홈과 홈 사이의 명칭
  ㉡ 리브 : 리브를 통해 피스톤 헤드의 열이 피스톤 링과 스커트 부에 전달
  ㉢ 히트 댐 : 피스톤 헤드부 열이 스커트 부로 전달하는 것을 방지하는 홈
② 스플릿 피스톤
  ㉠ 스플릿 피스톤 : 피스톤 헤드부의 열이 스커트부로 전달되는 것을 방지하기 위해 랜드부와 스커트부 사이에 가는 홈을 둔 피스톤
  ㉡ 슬릿(Slit) : 헤드에서 스커트부로 전달되는 열을 차단하는 역할
  ㉢ 인바 스트럿 피스톤의 주성분 : 니켈(Ni) + 망간(Mn) + 탄소(C)
③ 피스톤 핀
  ㉠ 전부동식
  ㉡ 반부동식(요동식)
  ㉢ 고정식
    ※ 액슬축의 고정방식 : 전부동식, 반부동식, 3/4부동식

④ 피스톤 링

　㉠ 사이드 스러스트(Side Thrust) : 측압으로서 피스톤의 상승·하강 행정 때 피스톤이 실린더 벽과 접하여 발생하는 압력

　※ 측압 : 압축행정 시 피스톤이 실린더에 벽에 접촉하여 발생하는 압력

　㉡ 피스톤 사이드 스러스트 방향을 피하면서 3개의 절개부 방향이 일치하지 않도록 Y자처럼 120~180°로 조립하는 그 이유 : 압축 또는 연소 시 가스 누설 방지

　㉢ 피스톤 링의 특징
- 적당한 탄성을 갖추기 위해 그 일부를 절개하여 개방시킨 구조로 되어있다.
- 형상에 따라 편심형, 동심형으로 분류한다.
- 내마멸성이 크고 열팽창이 적은 특수주철이 많이 사용되고 있다.
- 링 이음부 종류에는 랩 이음, 버트 이음, 각 이음, 실 이음 등이 있다.

2) 커넥팅로드

① 행정(길이) : 피스톤 측압에 영향을 미치는 인자 중 가장 직접적인 관계가 있다.

② 피스톤 측압 : 피스톤의 상승·하강 행정 때 피스톤이 실린더 벽과 접하여 발생하는 압력

3) 크랭크축 및 캠축

① 크랭크축 베어링의 특징

　㉠ 베어링의 두께는 반원부 중앙의 두께로 표시하고 베어링 양끝부분이 약간 얇다.

　㉡ 베어링 러그 : 축 방향 또는 회전방향으로 움직이는 것을 방지하기 위해 두는 것

　㉢ 베어링 크러시 : 베어링의 외경과 하우징 둘레와의 차이. 온도 변화에 의해 베어링이 저널에 따라 움직이는 것을 방지하기 위해 두는 것

　㉣ 베어링 스프레드 : 베어링을 조립할 때 크러시가 압축되면서 안쪽으로 찌그러지는 것을 방지하기 위해 베어링을 끼우지 않았을 때 베어링 바깥쪽 지름과 베어링 하우징 안지름에 차이를 두는 것

② 크랭크축의 오버랩 : 메인저널과 크랭크 암이 겹치는 부분

③ 디젤엔진의 회전운동 장치

　㉠ 크랭크축

　㉡ 캠축

　㉢ 로터리식 오일펌프

④ 크랭크축 또는 캠축의 힘을 측정할 수 있는 측정기구 : 다이얼 게이지

❹ 윤활 및 냉각장치

1) 윤활장치

① 윤활유에서 가장 중요한 성질 : 점도

② 엔진오일의 규격
  ㉠ DG(Diesel General) : 경부하용
  ㉡ DM(Diesel Moderate) : 중하용
  ㉢ DS(Diesel Severe) : 고온 및 고부하용

③ 엔진오일의 여과방식
  ㉠ 샨트식 : 복합식을 말하며, 오일의 일부를 여과시킨 후 공급하고 일부는 오일팬으로 보낸다.
  ㉡ 전류식 : 오일 전량을 여과시킨 후 공급하는 방식으로, 소형 승용차 엔진에 가장 많이 사용한다.
  ㉢ 분류식 : 오일을 엔진 각 윤활부에 직접 공급하며 바이 패스되는 오일은 여과시킨 후 오일팬으로 보낸다(여과되지 않는 오일이 엔진 각 윤활부로 공급되는 구조이므로 엔진 내부의 베어링이 손상될 확률이 가장 크다).

④ 오일펌프의 종류
  ㉠ 베인펌프
  ㉡ 로터리펌프
  ㉢ 기어펌프
  ㉣ 플런저펌프

⑤ 엔진오일의 색깔 및 원인
  ㉠ 우유색 : 냉각수가 유입된 경우
  ㉡ 흑색 : 오랫동안 오일을 교환하지 않았을 경우
  ㉢ 회색 : 연소가스 생성물이 유입된 경우
  ㉣ 적색 : 휘발유가 유입된 경우

⑥ 윤활유 과다 소모시 점검요소
  ㉠ 밸브 가이드 고무
  ㉡ 크랭크축 오일실
  ㉢ 피스톤 링

⑦ 오일 통로의 막힘 여부 검사방법 : 압축공기를 불어넣는다.

⑧ 윤활 회로 내 릴리프 밸브 설치목적
  ㉠ 유압이 규정값 이상으로 상승하는 것을 방지
  ㉡ 오일 압력의 과도한 상승을 방지하기 위해

2) 냉각장치

① 엔진 과열 원인
  ㉠ 써모스탯이 닫힌 채로 고장 난 경우
  ㉡ 워터펌프의 작동이 불량한 경우
  ㉢ 냉각수의 양이 적은 경우
  ㉣ 워터재킷에 이물질이 많이 쌓인 경우

② 부동액
  ㉠ 부동액의 성분 : 글리세린, 메탄올, 에탄올글리콜
  ㉡ 부동액의 구비조건
    • 냉각장치 호스와 실(seal) 재료에 적절해야 한다.
    • 휘발성이 없고 순환이 잘 되어야 한다.
    • 냉각장치에 녹 등이 발생하는 것을 방지해야 한다.
    • 적당한 열전달을 해야 한다.

③ 라디에이터
  ㉠ 라디에이터의 세척제 : 탄산나트륨
  ㉡ 압력식 캡 : 냉각수의 비등점을 올리기 위한 라디에이터 캡 방식
  ※ 비등점 : 액체의 증기압이 외부 압력과 같아지는 온도

5 흡기 및 배기장치

1) 흡기장치

① 공기 여과기의 특징
  ㉠ 흡기 소음을 저하시킨다.
  ㉡ 흡입공기 내 먼지 등 이물질을 여과시킨다.
  ㉢ 건식 공기 여과기의 경우 에어를 안쪽에서 바깥쪽 방향으로 불면서 청소한다.
  ㉣ 엔진에서 역화가 발생했을 때 불길이 확산되는 것을 방지한다.

② 흡기장치 효율
  ㉠ 체적효율(η_v)
    • 흡기행정 중 실린더에 흡입된 공기 질량과 행정 체적에 상당하는 대기질량과의 비를 말한다.
    • 엔진 운전 당시 대기상태의 압력과 온도를 기준으로 한다.
    • 동일 용적 기관의 흡입 능력을 비교할 수 있다.

$$\eta_v = \frac{1\text{사이클 중 실린더 내에 흡입된 공기 질량}}{\text{이론 흡기 질량}}$$

ⓒ 충진효율(η_c)

$$\eta_c = \frac{1\text{사이클 중 실린더 내에 흡입된 공기 질량}}{\text{이론 흡기 질량}}$$

- 행정 체적에 해당하는 만큼의 표준대기상태의 건조 공기 질량과 운전 중 1사이클당 실제 실린더에 흡입된 공기 질량 간의 비를 말한다.
- 표준대기상태(20℃, 760mmHg 대기압, 상대습도 65%, 밀도 1.188kg/㎥)를 기준으로 한다.
- 서로 다른 엔진의 흡입 능력을 비교할 수 있다.

③ 소기작용 : 2행정 디젤엔진에서 소기펌프에 의해 대기압 이상으로 압력이 상승한 새로운 공기를 실린더 내에 밀어 넣는 작용

2) 배기장치 및 배출가스

① 과급기의 특징
　ⓐ 터보차저는 배기가스가 터빈을 회전시킨다.
　ⓑ 과급기는 엔진 윤활장치에서 보내준 오일로 윤활한다.
　ⓒ 과급기 설치 시 엔진 중량이 증가한다.
　ⓓ 체적효율이 향상되므로 엔진의 토크 및 평균유효압력이 상승한다.

② 과급기의 구동
　ⓐ 터보차저 : 배기가스 압력으로 구동된다.
　ⓑ 슈퍼차저 : 크랭크축 동력으로 구동된다.

③ 슈퍼차저(Supercharger)의 종류
　ⓐ 원심식
　ⓑ 루츠식
　ⓒ 스크롤식
　ⓓ 콤플렉스식
　ⓔ 리스홀름식

④ 인터쿨러 : 흡입효율을 향상시키기 위해 과급기를 거쳐 유입되는 흡입공기의 온도를 낮추어 밀도를 상승시키는 장치

⑤ 엔진 배압(Back pressure) : 배기행정 시 피스톤의 상승운동을 방해하는 압력

⑥ 매연 과다 발생원인 : 연료 분사량이 과다한 경우

⑦ 질소산화물(NOx) : 연소실 내의 상태가 고온 및 고압일 때 질소와 공기의 산화로 발생한다. 또한, 폐의 기능을 불량하게 하고 눈에 자극을 주며 광화학 스모그의 주범인 가스

6 디젤연소 및 연료장치

1) 디젤 연소

① 디젤 노크

㉠ 발생원인
- 엔진 온도가 낮고 연료분사 상태가 불량하다.
- 압축공기의 누설이 과하다.
- 착화지연기간이 길다.
- 분사시기가 빠르다.

㉡ 방지대책
- 파일럿 분사를 실시한다.
- 다단분사 한다.
- 착화지연이 짧은 연료를 사용한다.
- 분사개시 할 때는 분사량을 감소시킨다.

② 착화지연기간 줄이는 방법

㉠ 착화성이 우수한 연료를 사용한다.

㉡ 압축온도를 상승시킨다.

㉢ 압축압력을 상승시킨다.

㉣ 압축비를 증가시킨다.

2) 연료장치

① 경유 연료의 입자크기

㉠ 배압이 높으면 연료 입자는 작아진다.

㉡ 공기의 유동은 연료 입자를 작게 한다.

㉢ 노즐의 지름이 작으면 연료 입자는 작아진다.

㉣ 공기의 온도가 높으면 연료 입자는 작아진다.

② 연료분사장치의 기능

㉠ 시동 시 분사량을 제한한다.

㉡ 분사시기를 제어한다.

㉢ 전부하 시 분사량을 제한한다.

㉣ 최고 속도를 제한한다.

③ 전자제어 디젤엔진 연료분사장치의 기능
  ㉠ 시동 시 분사량을 제한한다.
  ㉡ 전부하 시 분사량을 제한한다.
  ㉢ 최고속도를 제한한다.
  ㉣ 분사시기를 제어한다.
④ 연료 분사량의 제어인자
  ㉠ 기본 연료 분사량 제어
  ㉡ 공회전 시 분사량 제어
  ㉢ 시동 시 연료 분사량 제어
  ㉣ 전부하 시 분사량 제어
⑤ 연료 공급펌프 정비 후 시험항목
  ㉠ 송출압력 시험
  ㉡ 누설 시험
⑥ 분사펌프
  ㉠ 조속기 : 연료 분사량 제어
    • 분사량 제어
    – 오른쪽 리드에서 플런저를 반시계방향으로 돌리면 연료량이 감소한다.
    – 오른쪽 리드에서 플런저를 시계방향으로 돌리면 연료량이 증가한다.
    – 분사노즐 압력을 확인 후 연료 분사펌프에 적절한 파이프를 연결한다.
    – 제어 랙이 고정된 상태에서 연료 분사량을 조절한다.
    – 연료 분사량의 불균율은 전 부하 시 ±3% 이내이다.
  ㉡ 타이머 : 연료 분사시기 제어
    • 분사시기 제어
    – 캠축간의 위상을 바꾸어 회전속도가 높아지면 분사시기를 빠르게 하고 회전속도가 낮아지면 분사시기를 느리게 한다.
    – 구동 방식에 따라 내장형과 외장형으로 구분된다.
    – 엔진의 회전속도 및 부하에 따라 분사시기를 변화시킨다.
    – 회전 방향에 따라 우회전용과 좌회전용이 있으며 둘 다 기능은 같다.
    • 분사시기가 빠를 때 발생현상
    – 엔진 출력이 감소한다.
    – 배기가스의 색깔이 흑색이 된다.
    – 디젤 노크가 발생한다.
    – 착화지연기간이 짧아진다.

ⓒ 독립식 분사펌프 연료공급 순서 : 연료탱크 → 연료 공급펌프 → 연료 필터 → 연료 분사펌프 → 분사노즐
ⓔ 독립식 분사펌프의 에어빼기 작업 : 분사펌프 입구 파이프 피팅을 약간 이완시킨 후 플라이밍 펌프를 작동하여 기포가 나오지 않을 때까지 펌프질 한 후 다시 피팅을 조인다.

※ 기계식 디젤엔진 에어빼기 순서 : 연료 공급펌프 → 연료필터 → 연료 분사펌프

ⓜ 전자제어 분사펌프의 장점
- 기계식 분사펌프에 비해 가속 시 스모크가 감소한다.
- 각 운전점에서 엔진의 토크 및 출력이 향상된다.
- 분사펌프 설치 시, 설치공간이 절약된다.
- 다수의 영향 변수를 고려할 수 있다.

⑦ 프라이밍 펌프의 기능
㉠ 수동으로 조작할 수 있는 펌프이다.
㉡ 연료장치 내 에어빼기 작업을 할 때 사용한다.
㉢ 엔진 정지 상태일 때 조작하여 연료를 분사펌프까지 공급할 수 있다.
㉣ 엔진 정지 시 연료라인 내 에어빼기 등을 위해 수동으로 작동시킨다.

⑧ 분사노즐의 점검항목
㉠ 분사압력
㉡ 관통력
㉢ 분사각도

⑨ 전자제어
㉠ 각종 센서의 역할
- 산소센서 : 냉간 시 산소센서에 의한 피드백(Feed back)은 개회로 상태로 작동한다.
- 냉각수온센서 : 엔진의 냉각수 온도를 감지한다.
 - 부특성(NTC) 서미스터 : 온도가 상승하면 저항값 감소
 - 정특성(PTC) 서미스터 : 온도가 상승하면 저항값 증가
- 크랭크위치센서 : 크랭크 축의 회전 위치를 감지한다.
- 에어플로우센서 : 흡입 공기량에 비례하여 신호를 보낸다.

※ 기본 분사량 결정
- 에어플로우 센서(AFS) : 흡입공기량 계측
- 크랭크각 센서(CAS) : 엔진 회전수 계측

㉡ 엔진제어유닛(ECU) : 엔진 자기진단 및 엔진 회전수 등을 제어하는 장치

출제예상문제

건설기계 기관

01 오토엔진 대비 디젤엔진의 장점이 아닌 것은?
① 연료소비율이 낮다.
② 가속성이 좋고 운전이 정숙하다.
③ 열효율이 높다.
④ 비교적 화재 위험이 적다.

⊕ 해설
가속성이 좋고 운전이 정숙하다. : 오토엔진의 장점
※ 오토엔진 ≒ 가솔린 엔진

02 가솔린엔진 대비 디젤엔진의 장점이 아닌 것은?
① 흡입행정 시 펌핑 손실을 줄일 수 있다.
② 열효율이 높다.
③ 마력당 중량이 크다.
④ 일산화탄소(CO) 배출량이 적다.

⊕ 해설
마력당 중량이 크다. : 디젤엔진 단점

03 4기통 엔진 대비 6기통 엔진의 장점이 아닌 것은?
① 가속이 원활하고 신속하다.
② 저속회전이 용이하고 출력이 높다.
③ 구조가 복잡하여 제작비가 비싸다.
④ 엔진 진동이 적다.

⊕ 해설
• 가속이 원활하고 신속하다. : 6기통 엔진 장점
• 저속회전이 용이하고 출력이 높다. : 6기통 엔진 장점
• 구조가 복잡하여 제작비가 비싸다. : 6기통 엔진 단점
• 엔진 진동이 적다. : 6기통 엔진 장점

04 디젤엔진에서 디젤노크의 발생 원인으로 옳은 것은?
① 착화지연기간이 짧을 때
② 흡입공기 온도가 높을 때
③ 연소실에 누적된 다량의 연료가 일시에 연소될 때
④ 연료에 공기가 유입되었을 때

⊕ 해설
• 착화지연기간이 길 때
• 흡입공기 온도가 낮을 때
• 연료에 공기가 유입되었을 때 : 엔진 부조 및 진동의 원인

05 디젤엔진의 실린더 압축압력 측정방법으로 틀린 것은?
① 배터리의 충전상태를 점검한다.
② 엔진을 정상온도로 웜업 시킨다.
③ 분사노즐은 모두 제거한다.
④ 습식시험을 먼저하고 건식시험을 나중에 한다.

⊕ 해설
건식시험을 먼저하고, 습식시험을 나중에 한다.
※ 건식시험에서 측정한 압축압력이 규정압력의 70% 미만이면 습식시험을 한다.

06 피스톤의 측압을 받지 않는 스커트 부를 떼어내어 경량화 하여 고속엔진에 많이 사용하는 피스톤은?
① 풀 스커트 피스톤
② 솔리드 피스톤
③ 슬리퍼 피스톤
④ 스피릿 스커트 피스톤

정답 01 ② 02 ③ 03 ③ 04 ③ 05 ④ 06 ③

해설
- 풀 스커트 피스톤 : 피스톤 핀 아랫부분이 길고 그 둘레가 균일하게 생긴 피스톤
- 솔리드 피스톤 : 스커트부에 홈이 없고 통형으로 된 피스톤
- 스피릿 스커트 피스톤 : 스커트부에 단열용 가로 슬릿이나 탄력용 세로 슬릿이 나 있는 피스톤
※ 슬리퍼 피스톤은 무게를 증가시키지 않고 스러스트 접촉 면적을 크게 하여 피스톤 슬랩을 감소시킬 수 있는 장점이 있으나 스커트 부를 떼어낸 부분에 오일이 고이게 되어 이 오일을 긁어낼 때 손실이 발생하는 단점도 있다.

07 피스톤 링의 작용이 아닌 것은?
① 오일제어 작용
② 열전도 작용
③ 기밀 작용
④ 완전연소 억제 작용

08 엔진 예열장치에서 코일형 예열플러그 대비 실드형 예열플러그에 대한 설명으로 틀린 것은?
① 예열플러그 하나가 단선되어도 나머지는 작동된다.
② 기계적 강도 및 가스에 의한 부식에 약하다.
③ 각각의 예열플러그는 서로 병렬 연결되어 있다.
④ 열용량이 크고 발열량이 크다.

해설
기계적 강도 및 가스에 의한 부식에 약하다. : 코일형 예열플러그의 특징(단점)

09 디젤엔진에서 흡입행정 시 흡입되는 것은?
① 혼합기
② 엔진오일
③ 공기
④ 연료

해설
디젤엔진은 압축착화기관으로서 공기만 흡입한 후 압축행정을 거치면서 압축열로 인해 온도가 높아진 공기에 연료를 분사하여 착화시킨다.

10 디젤엔진의 압축행정 시, 흡·배기밸브의 상태는?
① 흡기밸브만 열려있다.
② 흡·배기밸브가 모두 닫혀있다.
③ 배기밸브만 열려있다.
④ 흡기·배기밸브가 모두 열려있다.

해설
- 흡기밸브만 열려있다. : 흡입행정
- 배기밸브만 열려있다. : 배기행정
- 흡기·배기밸브가 모두 열려있다. : 밸브 오버랩(Overlap)

11 디젤엔진에서 감압장치의 기능은?
① 흡기밸브 또는 배기밸브를 열어 엔진을 가볍게 회전시키는 장치이다.
② 캠축을 원활히 회전시키는 장치이다.
③ 타이밍 기어를 원활하게 회전시키는 장치이다.
④ 크랭크축을 느리게 회전시키는 장치이다.

해설
엔진 감압장치 : 엔진 시동 시 또는 겨울철 오일 점도가 높을 시 흡기밸브 또는 배기밸브를 강제로 열어 실린더 압축압력을 감소시켜 시동을 용이하게 하는 장치

정답 07 ④ 08 ② 09 ③ 10 ② 11 ①

12 혼합비가 희박할 때 엔진에 미치는 영향은?

① 연소속도가 빨라진다.
② 엔진출력이 저하된다.
③ 시동성이 좋아진다.
④ 저속 및 공회전한다.

◉ 해설
일반적으로 희박하면 엔진출력 저하, 농후하면 배출가스 증가로 해서 문제가 많이 나온다.

13 엔진에서 실화(Miss Fire)가 발생했을 때 나타나는 현상으로 맞는 것은?

① 엔진이 과랭된다.
② 엔진 회전수가 불안정해진다.
③ 엔진 출력이 상승한다.
④ 연료소비량이 적어진다.

◉ 해설
실화(Miss Fire)가 발생했을 때 나타나는 현상
• 연소온도 및 배기가스 온도가 낮아진다.
• 엔진 회전수가 불안정해진다.
• 엔진 출력이 감소한다.
• 엔진소비량이 많아진다.

14 디젤엔진의 진동이 심해지는 원인으로 틀린 것은?

① 실린더 수가 많을수록
② 피스톤 및 커넥팅로드의 중량 차이가 클수록
③ 실린더 마모로 인해 각 기통별 실린더 안지름의 차이가 클수록
④ 연료 분사량 및 분사압력의 불균형이 클수록

15 디젤엔진에서 엔진 부조가 발생하는 원인이 아닌 것은?

① 연료 공급 불량
② 거버너 작동 불량
③ 발전기 고장
④ 분사시기 조정 불량

16 분사노즐의 종류가 아닌 것은?

① 스로틀형
② 핀틀형
③ 싱글포인트형
④ 홀형

◉ 해설
분사노즐의 종류
• 스로틀형
• 핀틀형
• 홀형

17 디젤엔진에서 분사노즐의 요구조건이 아닌 것은?

① 연료를 미세한 안개 모양으로 분사하여 쉽게 착화하게 할 것
② 고온, 고압에서 장기간 사용할 수 있을 것
③ 분무를 연소실의 구석구석까지 뿌려지게 할 것
④ 연료의 분사 끝에서 후적이 발생할 것

◉ 해설
연료의 분사 끝에서 후적이 발생하지 않을 것
※ 연료분사 및 분사노즐의 3대 조건 : 무화, 분산, 관통

정답 12 ② 13 ② 14 ① 15 ③ 16 ③ 17 ④

1. 건설기계 기관 - 출제예상문제

18 다음 중 디젤엔진의 연료라인 순서가 바르게 나열된 것은?

① 연료탱크 → 연료공급펌프 → 분사펌프 → 연료필터 → 분사노즐
② 연료탱크 → 연료공급펌프 → 연료필터 → 분사펌프 → 분사노즐
③ 연료탱크 → 연료필터 → 분사펌프 → 연료공급펌프 → 분사노즐
④ 연료탱크 → 분사펌프 → 연료필터 → 연료공급펌프 → 분사노즐

19 엔진 냉각장치에서 라디에이터의 구비조건이 아닌 것은?

① 공기의 흐름 저항이 클 것
② 가볍고 작으며 강도가 클 것
③ 냉각수의 흐름 저항이 작을 것
④ 단위 면적당 방열량이 클 것

해설
공기의 흐름 저항이 작을 것

20 엔진 냉각장치에서 밀봉 압력식 라디에이터 캡을 사용하는 목적은?

① 압력밸브가 고장 났을 때
② 엔진 온도를 높일 때
③ 냉각수의 비등점을 높일 때
④ 엔진 온도를 낮출 때

21 엔진 냉각팬에 대한 설명으로 틀린 것은?

① 전동팬은 냉각수의 온도에 따라 작동된다.
② 유체 커플링식은 냉각수 온도에 따라 작동한다.
③ 워터펌프는 전동팬의 작동과 관계없이 항상 회전한다.
④ 전동팬이 작동되지 않을 때 워터펌프도 회전하지 않는다.

22 부동액의 구비조건이 아닌 것은?

① 비등점이 물보다 낮을 것
② 물과 쉽게 혼합될 것
③ 침전물이 발생하지 않을 것
④ 부식성이 없을 것

해설
비등점이 물보다 높을 것

23 디젤엔진에서 팬벨트의 장력이 과다할 때 발생하는 현상으로 가장 적절한 것은?

① 엔진이 과랭된다.
② 엔진이 과열된다.
③ 배터리 충전 부족 현상이 발생한다.
④ 발전기 베어링이 손상될 우려가 있다.

해설
• 엔진이 과랭된다. : 엔진 서모스탯이 열린 상태로 고장 난 경우 발생하는 현상
• 엔진이 과열된다. : 팬벨트의 장력이 과소할 때 발생하는 현상
• 배터리 충전 부족 현상이 발생한다. : 팬벨트의 장력이 과소할 때 발생하는 현상

24 디젤엔진에서 팬벨트 장력이 약할 때 발생하는 현상으로 옳은 것은?

① 워터펌프 베어링이 조기에 마모된다.
② 발전기 출력이 저하될 수 있다.
③ 엔진이 부조한다.
④ 엔진이 과냉된다.

정답 18 ② 19 ① 20 ③ 21 ④ 22 ① 23 ④ 24 ②

25 4행정 기관의 윤활방식 중 피스톤 핀과 피스톤까지 윤활유를 압송하여 윤활 하는 방식은?

① 전 비산식
② 전 진공식
③ 비산 압송식
④ 전 압송식

해설
- 전 비산식 : 크랭크축의 디퍼로 오일을 실린더 벽으로 뿌려서 윤활 하는 방식
- 비산 압송식 : 비산 압력식과 같은 말이며, 압송식과 비산식을 조합한 방식으로서 자동차용 엔진에서 가장 많이 사용
- ※ 엔진오일의 공급방식 : 비산식, 압송식, 비산압송식

26 엔진오일의 점도가 너무 높은 것을 사용했을 때 발생하는 현상은?

① 엔진 시동 시 필요 이상의 동력이 소모된다.
② 점차 묽어지므로 경제적이다.
③ 좁은 틈새에 잘 침투하므로 충분한 주유가 된다.
④ 겨울철에 사용하기 좋다.

27 엔진오일의 양을 점검할 때 게이지에 표시된 하한선(Low)과 상한선(Full)과 관련된 설명으로 옳은 것은?

① Low선 보다 아래에 있으면 좋다.
② Full선 보다 위에 있으면 좋다.
③ Low선과 Full선 사이에서 Low선에 가까이 있으면 좋다.
④ Low선과 Full선 사이에서 Full선에 가까이 있으면 좋다.

28 엔진오일 소비량이 많아지는 원인은?

① 배기밸브 간극이 너무 작다.
② 오일압력이 너무 낮다.
③ 피스톤과 실린더 간의 간극이 너무 크다.
④ 오일펌프 기어 과대 마모

해설
피스톤 간극 : 피스톤과 실린더 간의 간극

29 건설기계 정비 시 엔진 시동을 건 후 정상적인 운전이 가능한지 확인하기 위해 운전자가 가장 먼저 점검해야 할 것은?

① 냉각수 온도 게이지
② 속도계
③ 엔진오일량
④ 오일 압력 게이지

30 디젤엔진에서 사용되는 에어클리너에 대한 설명으로 틀린 것은?

① 에어클리너가 막히면 연소가 나빠진다.
② 에어클리너가 막히면 엔진 출력이 감소한다.
③ 에어클리너가 막히면 배기가스 색은 흑색이 된다.
④ 에어클리너는 실린더 마멸과 관계없다.

해설
에어클리너의 필터링이 불량하여 흡입공기 중의 이물질이 연소실로 유입되면 실린더 마멸이 발생할 수 있다.

정답 25 ④ 26 ① 27 ④ 28 ③ 29 ④ 30 ④

31 건식 에어클리너의 장점이 아닌 것은?
① 작은 입자의 먼지나 오물을 여과할 수 있다.
② 구조가 간단하고 여과망을 세척하여 사용할 수 있다.
③ 엔진 회전수가 변동되어도 안정된 공기청정효율을 얻을 수 있다.
④ 분해·조립 및 설치가 간편하다.

해설
구조가 간단하고 여과망을 세척하여 사용할 수 있다. : 습식 에어클리너의 장점

32 디젤엔진에서 터보차저의 기능은?
① 엔진 회전수를 제어하는 장치
② 흡입공기를 압축하여 실린더 내로 공급하는 장치
③ 냉각수 유량을 제어하는 장치
④ 엔진오일 온도를 제어하는 장치

33 다음 중 과급기(터보차저)에 대한 설명으로 옳은 것은?
① 실린더 내의 흡입 공기량을 증가시킨다.
② 연료 소비율을 증가시킨다.
③ 가솔린 엔진에만 설치된다.
④ 피스톤의 흡입력에 의해 임펠러가 회전한다.

해설
• 연료 소비율을 감소시킨다.
• 가솔린, 디젤엔진에 설치된다.
• 배기가스 온도 및 압력에 의해 터빈이 회전한다.

34 엔진에서 과급기의 장착 목적에 대한 설명으로 가장 적절한 것은?
① 배기가스의 정화
② 냉각효율의 증대
③ 윤활성의 증대
④ 엔진 출력의 증대

해설
과급기(터보차저)의 장착 목적은 체적효율을 향상시켜 엔진 출력 및 토크를 증가시키기 위함이다.

35 연소할 때 발생하는 질소산화물(NOx)의 생성 원인으로 가장 적절한 것은?
① 높은 연소 온도
② 가속 불량
③ 흡입 공기 부족
④ 소염 경계층

해설
질소산화물(NOx)은 연소온도가 높고 공기·연료 혼합비가 희박할수록 많이 발생한다.

36 커먼레일 디젤엔진의 공기유량센서(Air Flow Sensor, AFS)로 가장 많이 쓰이는 방식은?
① 열막 방식
② 베인 방식
③ 칼만와류 방식
④ 맵센서 방식

해설
열막식 공기유량센서 : 흡입공기의 질량유량을 직접 계측하는 방식

정답 31 ② 32 ② 33 ① 34 ④ 35 ① 36 ①

37 커먼레일 디젤엔진의 연료계통에서 출력요소에 해당하는 것은?

① 브레이크 스위치
② 인젝터
③ 공기유량센서
④ 엔진 ECU

해설
인젝터는 커먼레일 디젤엔진의 연료계통에서 출력요소에 해당된다.

정답 37 ②

Chapter 02 전기, 섀시, 기중기 작업장치

01 전기

1 전기·전자기초

1) 옴의 법칙

$$I = \frac{E}{R}, \quad I = I \times R, \quad R = \frac{E}{R}$$

여기서, I : 전류(A), E : 전압(V), R : 저항(Ω)

2) 키르히호프의 법칙

① 1법칙(전류법칙) : 들어온 전류의 총합과 나가는 전류의 총합은 같다.
② 2법칙(전압법칙) : 폐회로에서 기전력의 총합과 저항에 의한 전압 강하의 총합은 같다.

3) 줄의 법칙

$H = 0.24I^2Rt$

여기서, H : 열량(J), 0.24 : 상수(1J = 0.24cal), I : 전류(A), R : 저항(Ω), t : 시간(sec)

4) 쿨롱의 법칙

① 자극의 강도
  ㉠ 거리의 제곱에 반비례한다.
  ㉡ 자석의 양끝을 자극이라 한다.
  ㉢ 두 자극 세기의 곱에 비례한다.
  ㉣ 자극의 세기는 자기량의 크기에 따라 다르다.

$$f = \frac{m_1 \times m_2}{4\pi \times \mu_0 \times \mu_s \times \gamma^2}$$

여기서, f : 자극의 강도, m_1, m_2 : 자극의 세기, μ_0 : 자기량(진공투자율), μ_s : 자기량(비투자율), γ : 자극간의 거리

② 콘덴서(축전기) : 모터 또는 릴레이 작동 시 라디오에 유기되는 고주파 잡음을 저감하는 부품
  ㉠ 콘덴서의 정전용량(Capacitance)
    • 금속판 사이 절연물의 절연도에 정비례한다.
    • 금속판 사이의 거리에 반비례한다.
    • 가해지는 전압에 정비례한다.
    • 반대편 금속판의 면적에 정비례한다.

ⓒ 콘덴서의 정전용량 관계식

$$Q_c = C \cdot v = \varepsilon \frac{A}{d}$$

  여기서, Q_c : 전하량(C), C : 콘덴서 용량(F), v : 인가전압(V),
  ε : 평행판 사이 유전율(F/m), A : 평행판 면적(m^2), d : 평행판 사이 거리(m)

5) 전력

$$P = EI, \quad P = I2R, \quad P = \frac{E^2}{R}$$

 여기서, P : 전력(W), I : 전류(A), E : 전압(V), R : 저항(Ω)

6) 전류의 작용

 발열작용, 화학작용, 자기작용

7) 회로연결

 ① 직렬연결의 특징
  ㉠ 각 회로의 전류가 동일하므로 전압은 다르다.
  ㉡ 전류는 1개일 때와 같으며 전압은 다르다.
  ㉢ 각 회로에 동일한 전류가 가해지므로 입력 전류는 일정하다.
  ㉣ 합성저항은 각 저항의 합과 같다.

 ② 병렬연결의 특징
  ㉠ 각 회로의 전압이 동일하므로 전류는 다르다.
  ㉡ 전압은 1개일 때와 같으며 전류는 다르다.
  ㉢ 각 회로에 동일한 전압이 가해지므로 입력 전압은 일정하다.
  ㉣ 합성저항의 역수는 각 저항의 역수의 합과 같다.

❷ 반도체

1) 반도체

 ① 반도체의 주요 물질과 장·단점
  ㉠ 주요 물질 : 게르마늄(Ge), 실리콘(Si) 등

ⓒ 장·단점

반도체의 장점	반도체의 단점
• 매우 작고 가볍다. • 내부 전력 손실이 매우 적다. • 연료 분사 압력이 낮다. • 응답성이 좋다.	• 온도가 상승하면 성능이 매우 나빠진다. • 게르마늄(Ge)은 85℃ 이상, 실리콘(Si)은 150℃ 이상일 때 파손 우려가 크다. • 역방향으로 전압을 가했을 때 허용한계가 매우 낮다. • 정격값을 초과하면 파괴되기 쉽다.

② 진성 반도체
  ㉠ 게르마늄(Ge), 실리콘(Si)과 같이 원자가 4가로 공유 결합하고 있는 반도체이다.
  ㉡ 순도 : 99.99..9% 이상(Nine Eleven)
③ 불순물 반도체 : 진성 반도체에 불순물을 첨가한 반도체이다.
  ㉠ P형 반도체 : (+)성질이며, 불순물의 원자가는 3가이다(알루미늄(Al), 인듐(In) 등).
  ※ 3가의 불순물 : 알루미늄(Al), 인듐(In), 붕소(B)
  ㉡ N형 반도체 : (−)성질이며, 불순물의 원자가는 5가이다(비소(As), 안티몬(Sb), 인(P) 등).
  ※ 5가의 불순물 : 인(P)비소(As), 안티몬(Sb), 인(P)

5) 서미스터
  ① 정특성(PTC) 서미스터 : 온도가 상승하면 저항값이 증가한다.
  ② 부특성(NTC) 서미스터 : 온도가 상승하면 저항값이 감소한다.
  ③ 냉각 수온 센서(WTS), 흡기 온도 센서(ATS) 등으로 사용한다.

❸ 배터리

1) **배터리 : 화학적 에너지를 전기적 에너지로 변환하는 기구이다.**

2) **배터리의 기능**
  ① 시동회로의 전기적 부하를 부담한다.
  ② 주행상태에 따른 발전기의 출력 및 부하의 균형을 조정한다.
  ③ 주행 중에 발전기가 고장 났을 때 일정 기간 전원 역할을 한다.

3) **배터리의 특징**
  ① 온도와 압력이 일정할 때 배터리 비중, 용량, 단자 전압은 비례한다.
  ② 배터리 용량 = 전류 × 시간

$$Ah = A \times h$$

여기서, Ah : 배터리 용량 단위, A : 연속 방전 전류 단위,
h : 방전종지 전압까지 연속 방전 시간 단위

※ 방전종지 전압

㉠ 배터리를 방전해서는 안 되는 전압의 기준이며, 각 셀당 1.7~1.8V이다(평균 1.75V).

㉡ 방전종지 전압 이하로 방전을 하면 극판이 손상되어 배터리의 기능을 상실한다.

③ 배터리 용량을 결정하는 요소

㉠ 극판의 크기(또는 면적, 넓이, 두께)

㉡ 극판의 수

㉢ 전해액의 양

4) 배터리의 구조

① 총 6개의 셀로 구성된다.

② 각 셀은 약 2.1V이다.

③ 음극판이 양극판보다 1장 더 많다.

④ 배터리 단자 식별방법

㉠ 양극은 (+), 음극은 (-) 부호를 사용한다.

㉡ 양극은 POS, 음극은 NEG로 표기한다.

㉢ 양극은 적색, 음극은 흑색이다.

㉣ 양극 기둥이 음극 기둥보다 지름이 더 굵다.

㉤ 양극이 음극보다 부식물이 더 많다.

㉥ 배터리를 분리할 때는 (-)단자를 먼저 분리하고, 설치할 때는 (-)단자를 나중에 결합한다.

5) 배터리의 격리판

① 역할 : 양극판과 음극판 사이에 끼워 양쪽 극판의 단락을 방지한다.

② 구비조건

㉠ 다공성이고 비전도성일 것

㉡ 전해액이 잘 확산될 것

㉢ 기계적 강도가 있고 전해액에 의해 부식되지 않을 것

6) 전해액

① 순도가 높은 묽은 황산(H_2SO_4)을 사용한다.

② 제조 방법

㉠ 물에 황산을 부어서 혼합한다(물 65%, 황산 35%).

㉡ 완전 충전 시 비중 : 1.260~1.280/20℃

$$S^{20} = St + 0.0007 \times (t - 20)$$

여기서, S^{20} : 표준온도 20℃로 환산한 비중, St : 현재온도(t)에서 측정한 비중, t : 현재온도(℃)

2. 전기, 섀시, 기중기 작업장치

7) 설페이션 현상 : 극판의 영구 황산납, 배터리의 방전상태가 일정 한도 이상 장시간 지속되어 극판이 결정화되는 현상

8) 배터리의 화학작용

(+)극판	전해액	(-)극판		(+)극판	전해액	(-)극판
$PbSO_4$	$2H_2O$	$PbSO_4$	충전 $\rightleftarrows$ 방전	PbO_2	$2H_2SO_4$	Pb
(황산납)	(물)	(황산납)		(과산화납)	(묽은 황산)	(해면상납)

9) 배터리의 충전
   ① 정전압 충전 : 일정한 전압으로 충전한다.
   ② 정전류 충전 : 일정한 전류로 충전하며 표준전류 충전 시 배터리 용량의 약 10%이다.
   ③ 단별 전류 충전 : 정전류 충전의 일종이며 단계적으로 전류를 감소시킨다.
   ④ 급속 충전 : 충전 전류는 배터리 용량의 약 50%이다.

❹ 시동 및 충전장치

1) 시동장치
   ① 기본 원리 : 플레밍의 왼손법칙
   ② 구성
      ㉠ 토크를 엔진으로 전달하는 부분
      ㉡ 피니언 기어를 링기어에 치합하는 부분
      ㉢ 토크 발생 부분
   ③ 종류 및 특징
      ㉠ 직권식 전동기
         • 전기자 코일과 계자 코일을 직렬로 연결한다.
         • 시동전동기로 가장 많이 사용한다.
         • 전류가 일정할 때 분권식이나 복권식보다 토크를 크게 할 수 있다.
      ㉡ 분권식 전동기
         • 전기자 코일과 계자 코일을 병렬로 연결한다.
         • 회전력이 작고 속도가 일정하여 냉각팬에 사용된다.
      ㉢ 복권식 전동기
         • 전기자 코일과 계자 코일을 직·병렬로 연결한다.
         • 윈드 실드 와이퍼 모터에 사용한다.

④ 시동전동기의 동력전달기구
  ㉠ 플라이 휠 링 기어와 시동전동기 피니언의 감속비 : 약 10~15 : 1
  ㉡ 피니언 접속방식
    • 벤딕스식 : 관성력 이용, 오버러닝 클러치를 사용하지 않는다.
    • 피니언 섭동식 : 수동식, 전자식 2종류가 있다.
    • 전기자 섭동식
  ㉢ 오버러닝 클러치의 역할 : 플라이휠의 회전력이 전동기에 전달되지 않도록 한다.
  ㉣ 오버러닝 클러치의 종류
    • 다판 클러치 방식   • 롤러 방식   • 스프래그 방식

2) 충전장치

① 전자유도작용의 기본 원리
  ㉠ 페러데이의 법칙 : 도선에 유도되는 기전력은 그 속상을 통과하는 자기력선의 수가 변할 때나 도선이 자기력선을 끊고 지나갈 때 나타난다.
  ㉡ 렌쯔의 법칙 : 유도 기전력은 코일 내의 자속 변화를 방해하는 방향으로 생긴다.
② 교류발전기(알터네이터)
  ㉠ 기본 원리 : 플레밍의 오른손법칙
※ 교류발전기(알터네이터), 직류발전기(제네레이터)의 기본 원리 : 플레밍의 오른손법칙
  ㉡ 특징
    • 소형에 경량화할 수 있다.
    • 브러시 수명이 길다.
    • 저속에서도 충전이 우수하다.
    • 실리콘 다이오드가 정류작용(컷아웃 릴레이)을 한다.
    • 로터의 회전수가 증가함에 따라 스테이터 코일에서 발생하는 교류 주파수가 높아지므로 전류 상승을 제한하기 때문에 전류조정기가 필요 없다.
  ㉢ 스테이터의 결선 방법에 따른 전압 및 전류
    • Y결선의 선간전압은 상전압의 배이다.
    • Y결선의 선간전류는 상전류와 같다.
    • △결선의 선간전압은 상전압과 같다.
    • △결선의 선간전류는 상전류의 배이다.

ⓔ 구성
- 스테이터 : 교류발전기에서 전류를 만드는 부분
- 로터 : 교류발전기에서 자속을 만드는 부분
- 제너 다이오드
- 정류 다이오드
- 슬립링

※ 컷 아웃 릴레이 : 직류발전기(Generator)의 구성부품

❺ 냉방장치 및 등화장치

1) 냉방장치

① 에어컨 냉매가스 순환 과정 : 압축기 → 응축기 → 건조기 → 팽창 밸브 → 증발기

※ 냉매 순환과정 : 콤프레서 → 콘덴서 → 리시버 드라이어 → 익스팬션 밸브 → 이베퍼레이터

② 에어컨 시스템 주요 구성품의 특징

ⓐ 압축기(콤프레서) : 증발기에서 받은 기체 냉매를 고온·고압의 기체로 변환한다.

ⓑ 응축기(콘덴서) : 냉각팬 및 차량 외부 공기를 이용해 고온·고압의 기체 냉매를 냉각·응축하여 고온·고압의 액체 냉매로 변환한다.

ⓒ 건조기(리시버 드라이어) : 액체 냉매를 팽창 밸브로 보낸다.

ⓓ 팽창 밸브(익스팬션 밸브) : 고온·고압의 액체 냉매를 급격히 팽창시켜 저온·저압의 기체 냉매로 변환한다.

ⓔ 증발기(이베퍼레이터) : 주위로부터 열을 흡수하여 기체 냉매로 변환한다.

③ 에어컨 냉매
ⓐ 구냉매 : R-22a
ⓑ 신냉매 : R-134a

※ 신냉매(R-134a)는 염소(Cl)가 없다.

2) 등화장치

① 조명 용어

ⓐ 광도
- 광원의 밝기를 말한다.
- 단위 : 칸델라(cd)

※ 1cd : 광원에서 1m 떨어진 $1m^2$의 면에 1lm의 광속이 통과하였을 때의 빛의 세기

ⓑ 광속
- 어떤 면을 통과하는 빛의 양을 말한다.
- 단위 : 루멘(lm)

ⓒ 조도
- 어떤 면이 받는 빛의 세기를 말한다.
- 단위 : 룩스(Lx)
- 빛을 받는 면의 조도는 광원의 광도에 비례한다.
- 광원의 거리의 제곱에 반비례한다.

$$조도(Lx) = \frac{광속(\ell m)}{거리의\ 제곱(m^2)} \approx \frac{광도(cd)}{거리의\ 제곱(m^2)}$$

조도 = 광속/거리의 제곱 = 광도/거리의 제곱

※ 룩스(Lx)는 루멘(ℓm)에서, 루멘(ℓm)은 칸델라(cd)에서 유도된 단위이다.

② 전조등
ⓐ 형식
- 실드빔식 : 필라멘트가 끊어지면 전조등 전체를 교환해야 한다.
- 세미 실드빔식 : 필라멘트가 끊어지면 전구만 교환할 수 있다.
- 2개의 전조등은 서로 병렬로 연결되어있어 한쪽의 필라멘트가 단선되어도 나머지 한쪽은 계속 작동된다.
- 광도 규정값 : 2등식 15,000cd 이상, 4등식 12,000cd 이상

※ 2등식은 전구 하나에 상향, 하향 필라멘트가 모두 있는 방식
4등식은 상향, 하향의 필라멘트가 각각 별도의 렌즈로 되어있는 방식
- 전조등 시험기 : 스크린식(3m 거리에서 측정), 집광식(1m 거리에서 측정)

③ 제동등
ⓐ 광도 40cd 이상 420cd 이하
ⓑ 다른 등화와 겸용할 경우 광도는 3배 이상 증가해야한다.

④ 전기배선
ⓐ 배선 규격 표기
예) "1.35RG"
- 1.35 : 전선의 단면적(mm^3)   • R : 바탕색   • G : 줄색
ⓑ 배선 색깔 표기

기호	색깔	기호	색깔
B	검정색(Black)	L	파랑색(Blue)
Br	갈색(Brown)	Y	노랑색(Yellow)
Gr	회색(Gray)	W	흰색(White)
G	초록색(Green)	R	빨강색(Red)

출제예상문제

 전기

01 전기가 이동하지 않고 물질에 정지하고 있는 전기를 무엇이라고 하는가?
① 정전기 ② 동전기
③ 교류전기 ④ 직류전기

02 다음 중 퓨즈에 대한 설명으로 틀린 것은?
① 퓨즈는 정격용량을 사용한다.
② 퓨즈가 끊어졌을 때 철사를 대용하여도 된다.
③ 퓨즈 용량은 암페어(A)로 표시한다.
④ 퓨즈의 표면이 산화되면 끊어지기 쉽다.

⊕ 해설
퓨즈가 끊어졌을 때 규정용량의 신품 퓨즈로 교환한다.

03 다음 회로에서 퓨즈에는 몇 A가 흐르는가?

① 5A ② 10A
③ 50A ④ 100A

⊕ 해설
30W+30W=60W
60W=6V×xA
x=10(A)

04 배터리 용량을 나타내는 단위는?
① Ω
② V
③ Ah
④ A

⊕ 해설
Ah = A × h
Ah : 배터리 용량 단위, A : 연속 방전 전류 단위, h : 방전 종지 전압까지 연속 방전 시간 단위

05 배터리에 대한 설명으로 옳은 것은?
① 전해액이 감소한 경우 증류수를 보충하면 된다.
② 배터리 보관 시 되도록 방전시키는 것이 좋다.
③ 배터리 방전에 지속되면 전압은 낮아지고 전해액 비중은 높아진다.
④ 배터리 용량을 크게 하려면 별도의 배터리를 직렬로 연결한다.

⊕ 해설
• 배터리 방전에 지속되면 전압은 낮아지고 전해액 비중은 낮아진다.
• 배터리 용량을 크게 하려면 별도의 배터리를 병렬로 연결한다.
※ 온도와 압력이 일정할 때 배터리 비중, 용량, 단자전압은 비례관계이다.

정답 01 ① 02 ② 03 ② 04 ③ 05 ①

06 배터리의 자기방전 원인이 아닌 것은?
① 음극판의 작용물질이 황산과 화학 반응하여 황산납이 되므로
② 전해액 양이 많아짐에 따라 용량이 커지므로
③ 전해액에 포함된 불순물이 국부전지를 형성하므로
④ 탈락한 극판 작용물질이 배터리 내부에 퇴적되므로

⊕ 해설
배터리 용량은 극판 수, 넓이, 두께, 전해액 양에 비례하므로 보기②의 내용은 맞으나 이것이 배터리 자기방전의 원인은 아니다.

07 12V 80A 배터리 2개를 병렬로 연결하면 전압과 전류는 어떻게 되는가?
① 12V 80A   ② 12V 160A
③ 24V 160A   ④ 24V 80A

⊕ 해설
배터리를 병렬연결하면 전압은 동일하고 용량은 증가한다. 또한, 직렬연결하면 용량은 동일하고 전압은 증가한다. 이때 '증가' 라는 것은 배터리 개수에 비례한다. 예를 들어, 동일한 배터리 2개를 직렬연결하면 용량은 동일하고 전압은 2배 증가한다.

08 20°C에서 전해액 충전 시 비중과 충전상태를 나열한 것으로 틀린 것은?
① 1.150~1.170, 25%
② 1.190~1.210, 50%
③ 1.220~1.260, 75%
④ 1.260~1.280, 100%

⊕ 해설
1.220~1.260, 80%
※ 충전상태가 75% 이하이면 보충전을 실시한다.

09 납산배터리의 특징에 대한 설명으로 틀린 것은?
① 시동 시 시동전동기에 전원을 공급한다.
② 양극판은 해면상납, 음극판은 과산화납을 사용하며 전해액은 묽은 황산을 이용한다.
③ 발전기가 고장 시 일시적인 전원을 공급한다.
④ 발전기의 출력 및 부하의 불균형을 조정한다.

⊕ 해설
양극판은 과산화납, 음극판은 해면상납을 사용하며 전해액은 묽은 황산을 이용한다.

10 납산 배터리의 용량은 어떻게 결정되는가?
① 극판의 수, 발전기의 충전 능력에 따라 결정된다.
② 극판의 수, 셀의 수, 발전기의 충전 능력에 따라 결정된다.
③ 극판의 수, 극판의 크기, 황산의 양에 따라 결정된다.
④ 극판의 수, 극판의 크기, 셀의 수에 따라 결정된다.

11 배터리의 용량만 증가시키는 방법은?
① 직렬연결   ② 직 · 병렬연결
③ 병렬연결   ④ 논리회로연결

⊕ 해설
배터리를 직렬연결하면 용량은 동일하고 전압은 증가한다. 또한, 병렬연결하면 전압은 동일하고 용량은 증가한다. 이때 '증가' 라는 것은 배터리 개수에 비례한다. 예를 들어, 동일한 배터리 3개를 병렬연결하면 전압은 동일하고 용량은 3배 증가한다.

정답 06 ②   07 ②   08 ③   09 ②   10 ③   11 ③

2. 전기, 섀시, 기중기 작업장치 – 출제예상문제

12 배터리 케이스와 커버 세척에 가장 적절한 것은?

① 물, 소다
② 물, 가솔린
③ 물, 소금
④ 물, 솔벤트

13 MF배터리가 아닌 일반 납산배터리를 관리할 경우 정기적으로 얼마마다 충전하는 것이 좋은가?

① 약 15일
② 약 30일
③ 약 45일
④ 약 60일

⊕ 해설
배터리의 자기 방전으로 인해 최소 약 15일에 한번씩은 배터리를 차량에 장착하여 시동을 걸어 충전하거나 외부 충전기를 이용하여 충전해야한다.

14 배터리 급속충전 시 유의사항에 대한 설명 중 틀린 것은?

① 충전시간은 가능한 짧게 한다.
② 충전전류는 배터리 용량과 같게 한다.
③ 충전 중 가스가 많이 발생하면 충전을 중지한다.
④ 충전 중 전해액의 온도가 45℃가 넘지 않도록 한다.

⊕ 해설
충전전류는 배터리 용량의 50%로 한다.

15 배터리 취급 시 유의사항에 대한 설명으로 옳은 것은?

① 배터리의 방전이 지속될수록 전압과 전해액 비중 모두 낮아진다.
② 배터리를 보관 시 가능한 방전시키는 것이 좋다.
③ 배터리 2개를 직렬 연결할 경우 (+)와 (+)끼리, (-)와 (-)끼리 연결한다.
④ 배터리 용량을 크게 하기 위해서는 다른 배터리와 서로 직렬 연결한다.

⊕ 해설
• 배터리를 보관 시 방전시키지 않는 것이 좋다.
• 배터리 2개를 병렬 연결할 경우 (+)와 (+)끼리, (-)와 (-)끼리 연결한다.
• 배터리 용량을 크게 하기 위해서는 다른 배터리와 서로 병렬 연결한다.

16 건설기계장비에서 배터리 케이블을 탈거하고자 한다. 다음 중 올바른 것은?

① (+) 케이블을 먼저 탈거한다.
② 접지되어 있는 케이블을 먼저 탈거한다.
③ 절연되어 있는 케이블을 먼저 탈거한다.
④ 아무 케이블이나 먼저 탈거한다.

⊕ 해설
배터리 케이블 탈거 시 (-) 케이블을 먼저 탈거한다.

17 건설기계장비에서 가장 큰 전류가 흐르는 부품은?

① 발전기 로터
② 시동전동기
③ 다이오드
④ 배전기

18 시동전동기의 토크가 발생하는 부분은 무엇인가?

① 스위치
② 계자코일
③ 조속기
④ 발전기

⊕ 해설
계자코일과 전기자 코일에서 형성되는 전자력에 의해 시동전동기의 토크가 발생한다.

19 시동전동기의 토크가 약하거나 회전이 안되는 원인이 아닌 것은?

① 배터리 전압이 낮음
② 브러시가 정류자에 잘 밀착되어 있음
③ 터미널과 배터리 단자의 접촉 불량
④ 시동스위치 접촉 불량

정답 12 ① 13 ① 14 ② 15 ① 16 ② 17 ② 18 ② 19 ②

20 건설기계에서 주로 사용하는 시동전동기의 형식은?

① 교류 전동기
② 직류 직권 전동기
③ 직류 분권 전동기
④ 직류 복권 전동기

🔆 해설
- 직류 직권 전동기 : 계자코일과 전기자코일이 서로 직렬로 연결
- 직류 분권 전동기 : 계자코일과 전기자코일이 서로 병렬로 연결
- 직류 복권 전동기 : 계자코일과 전기자코일이 서로 직·병렬로 연결

21 엔진 시동을 위해 시동 키를 작동시켰지만 시동전동기가 회전하지 않는다. 이때 점검해야 할 내용으로 가장 적절하지 못한 것은?

① 배터리 터미널 접촉상태 점검
② 시동회로의 ST회로 연결 상태 점검
③ 인젝션 펌프의 연료차단 솔레노이드 점검
④ 배터리 방전상태 점검

🔆 해설
인젝션 펌프의 연료차단 솔레노이드 점검 : 크랭킹은 되나 엔진 시동이 안 될 경우의 점검할 내용
※ 시동전동기가 작동하지 않았으므로 엔진 시동장치와 관련된 전기회로를 점검해야 한다.

22 엔진 시동회로에서 전력공급선의 전압강하는 몇 V 이하이면 정상인가?

① 0.2V   ② 1.0V
③ 9.5V   ④ 10.5V

🔆 해설
엔진 시동회로에서 전력공급선의 전압강하는 0.2V 이하이면 정상이다.

23 점화스위치를 ST로 했을 때 시동전동기의 솔레노이드 스위치는 작동되나 시동전동기는 작동되지 않은 원인과 관계없는 것은?

① 배터리 방전
② 엔진 크랭크축, 피스톤 고착
③ 점화스위치 불량
④ 시동전동기 브러시 손상

🔆 해설
점화스위치가 불량이면 시동전동기의 솔레노이드 스위치도 작동되지 않는다.

24 직류발전기와 비교하여 교류발전기의 특징으로 틀린 것은?

① 크기가 크고 무겁다.
② 전압 조정기만 필요하다.
③ 저속 발전 성능이 좋다.
④ 브러시 수명이 길다.

🔆 해설
크기가 크고 무겁다. : 직류발전기의 특징(단점)
발전기 출력이 동일하다고 가정할 때 교류발전기에 비해 직류발전기가 더 크고 무겁다. 따라서, 교류발전기는 발전기 출력에 비해 중량이 가벼운 것이 특징(장점)이다.

25 교류발전기의 특징이 아닌 것은?

① 소형, 경량이며 속도변화에 따른 적용 범위가 넓음
② 저속에서도 충전이 가능
③ 정류자를 사용
④ 다이오드를 사용하기 때문에 정류 특성이 좋음

🔆 해설
교류발전기는 슬립링, 브러시, 로터, 스테이터, 정류 다이오드 등으로 구성되어있다.

정답 20 ②   21 ③   22 ①   23 ③   24 ①   25 ③

2. 전기, 섀시, 기중기 작업장치 - 출제예상문제

26 교류 발전기의 구성 부품이 아닌 것은?
① 스테이터 코일 ② 전류 조정기
③ 슬립링 ④ 다이오드

🔵 해설
전압 조정기

27 교류발전기의 구성부품 중에서 교류를 직류로 변환하는 것은?
① 로터 ② 스테이터
③ 콘덴서 ④ 다이오드

28 에어컨의 구성 부품 중에서 고압의 기체 냉매를 냉각시켜 액화시키는 작용을 하는 부품은?
① 압축기
② 응축기
③ 팽창밸브
④ 증발기

🔵 해설
- 압축기 : 증발기에서 받은 기체 냉매를 고온·고압의 기체로 변환
- 팽창밸브 : 고온·고압 액체 냉매를 저온·저압 기체 냉매로 변환
- 증발기 : 이베퍼레이터를 말함, 주위로부터 열을 흡수하여 기체 냉매로 변환
- ※ 에어컨 냉매가스 순환과정 순서
  압축기(콤프레서)→응축기(콘덴서)→건조기(리시버드라이어)→팽창밸브(익스팬션밸브)→증발기(이베퍼레이터)

29 좌·우측 전조등 회로의 연결 방법으로 옳은 것은?
① 직·병렬 연결 ② 병렬 연결
③ 단식 배선 ④ 직렬 연결

30 세미 실드빔 형식의 전조등이 장착된 건설기계에서 전조등이 점등되지 않을 때의 조치방법으로 가장 적절한 것은?
① 전조등을 교환한다.
② 전구를 교환한다.
③ 렌즈를 교환한다.
④ 반사경을 교환한다.

🔵 해설
전구가 끊어지거나 고장 시 조치방법
- 실드빔 형식 : 전조등 조립체 전체 교환
- 세미 실드빔 형식 : 전구만 따로 교환

정답 26 ② 27 ④ 28 ② 29 ② 30 ②

02 섀시

❶ 클러치 및 변속기, 유체클러치 및 토크 컨버터

1) 클러치 및 변속기

① 클러치 디스크의 스프링 종류
  ㉠ 토션 스프링(댐퍼 스프링, 비틀림 코일 스프링) : 클러치 접속 시 회전 충격 흡수
  ㉡ 쿠션 스프링 : 클러치 디스크의 비틀림 편 마모, 변형 방지

② 클러치 디스크의 토션 스프링 파손 시 발생현상
  ㉠ 소음이 커짐
  ㉡ 클러치 작용 시 원활하지 않음
  ㉢ 클러치 작용 시 회전 충격 흡수가 안 됨

③ 클러치 페달유격을 두는 목적
  ㉠ 클러치 페이싱의 마멸을 줄이기 위해서
  ㉡ 클러치 디스크의 슬립을 방지하기 위해서
  ㉢ 변속 시 기어가 잘 물리게 하기 위해서

※ 클러치 페달의 자유간극 조절방법 : 클러치 링키지의 길이 조절

④ 기어변속은 정상이나 동력전달이 불량한 원인 : 클러치 디스크 마모

⑤ 변속 시 기어의 물림 소음이 발생하는 가장 큰 원인 : 클러치 차단 불량

⑥ 기어변속이 불량한 원인
  ㉠ 클러치가 차단되지 않는 경우
  ㉡ 변속기 압력축 스플라인 홈이 마모된 경우
  ㉢ 싱크로나이저 링과 접촉이 불량한 경우

⑦ 변속기 과열 원인
  ㉠ 오일의 점도가 과다하게 높은 경우
  ㉡ 오일이 부족한 경우
  ㉢ 기어의 물림이 불량한 경우

2) 유체클러치 및 토크 컨버터

① 유체클러치
  ㉠ 구성 : 터빈 러너, 가이드링, 펌프 임펠러
  ㉡ 가이드 링 : 유체 클러치 내에서 와류를 감소시켜 유체의 충돌을 방지하는 장치

② 토크컨버터
  ㉠ 구성 : 터빈 러너, 스테이터, 펌프 임펠러
  ㉡ 스테이터 : 터빈의 토크를 증가시키는 장치
  ㉢ 클러치 포인트 : 터빈 회전수가 펌프 회전수에 가까워져서 스테이터가 공전하기 시작하는 점(컨버터 영역에서 커플링 영역으로 교체되는 점)
  ㉣ 스톨 포인트 : 펌프 회전하고 터빈 정지한 상태로서 속도비 0인 점(토크변환비 최대, 효율 최소)
  ㉤ 토크컨버터의 출력부족 원인
    • 오일 스트레이너가 막힌 경우
    • 오일펌프의 흡입측 연결호스가 실 파손된 경우
    • 오일량이 부족한 경우

❷ 동력전달장치

1) 추진축 및 등속조인트

① 유니버설 조인트
  ㉠ 슬립이음이라고도 한다.
  ㉡ 목적 : 추진축의 길이 변화
② 자재이음
  ㉠ 목적 : 추진축의 각도 변화
  ㉡ 종류
    • 플렉시블형 : 급유를 하지 않아도 되고 회전이 정숙하나 축의 각도를 10° 이상으로 설치하면 작동이 원활하다.
    • 제파형 : 내측 레이스와 외측 레이스로 6개의 스틸 볼을 유지하고, 스틸 볼의 점접촉으로 토크를 전달한다.
    • 트러니언형 : 베어링을 축의 양단에 끼우고 축에 직각으로 회전할 수 있게 한 것을 하우징 내에 홈을 만들어 넣은 구조이다. 자재이음의 한 종류로 회전 토크를 전달함과 동시에 축 방향으로 늘어나고 줄어들 수 있다.
    • 벤딕스형 : 볼의 수가 작아 전달용량이 작으므로 2개의 중심 지지용 베어링이 필요하다.
③ 추진축의 스플라인부 마모 시 발생현상 : 주행 중 소음이 발생하고 차체에 진동이 전해진다.

④ 등속조인트
　㉠ 기능 : 구동축과 일직선상이 아닌 피동축 사이에 회전각속도의 변화 없이 동력전달을 일정하게 할 수 있는 자재이음의 형식
　㉡ 종류
　　• 버필드 조인트 : 베어링이 없어 구조가 간단하고 전달용량이 큰 장점이 있어 4WD 형식의 차량에 많이 사용한다.
　　• 벤딕스 조인트 : 볼의 수가 작아 전달용량이 작으므로 2개의 중심 지지용 베어링이 필요하다.
　　• 제파 조인트 : 내측 레이스와 외측 레이스로 6개의 스틸 볼을 유지하고, 스틸 볼의 점접촉으로 토크를 전달한다.
　　• 트랙터 조인트 : 십자형 자재이음을 두 개 합친 것과 같은 구조이며 완전한 등속도를 발휘하지 못하고, 비교적 작동 각도가 작으므로 중심 유지용 2조의 베어링이 필요하다.

2) 종감속장치
① 구동피니언과 링기어의 접촉상태
　㉠ 힐 접촉 : 구동피니언이 링기어의 대단부(링기어의 기어 이빨 폭이 넓은 바깥쪽)와 접촉한 상태
　㉡ 토우 접촉 : 구동피니언이 링기어의 소단부(링기어의 기어 이빨 사이의 폭이 좁은 안쪽)와 접촉한 상태
　㉢ 페이스 접촉 : 백래쉬 과다로 링기어 이빨 끝에 구동피니언이 접촉한 상태
　㉣ 플랭크 접촉 : 백래쉬 과소로 링기어 이뿌리(골짜기) 측에 구동피니언이 접촉한 상태
② 구동피니언과 링기어의 수정상태
　㉠ 플랭크 접촉, 토우 접촉이 심할 때 : 구동피니언을 바깥쪽으로 이동시키고 링기어를 안쪽으로 이동시킨다.
　㉡ 힐 접촉, 페이스 접촉이 심할 때 : 구동피니언을 안쪽으로 이동시키고 링기어를 바깥쪽으로 이동시킨다.

3) 차축 및 타이어
① 차축의 고정방식
　㉠ 전부동식 : 바퀴 또는 허브를 탈거하지 않고 액슬축을 탈거할 수 있는 차축형식
　㉡ 반부동식 : 차축이 동력을 전달함과 동시에 차량 무게의 1/2을 지지한다.
　㉢ 3/4부동식 : 차축이 동력을 전달함과 동시에 차량 무게의 1/4을 지지한다.

② 타이어

　㉠ 튜브리스 타이어의 장점
- 펑크가 났을 때 비교적 수리가 간단하다.
- 고속 주행을 하여도 비교적 발열이 적다.
- 못, 피스 등이 박혀도 공기가 잘 누설되지 않는다.

　㉡ 스노우 타이어(Snow tire)를 사용할 때 주의사항
- 등판주행 시 저속기어를 사용한다.
- 50% 이상 마모 시 체인을 바꿔가며 사용한다.
- 출발 시 서서히 동력을 전달한다.
- 구동바퀴에 걸리는 하중을 크게 한다.

❸ 조향장치

1) 조향장치 구조
① 조향펌프 : 엔진 동력에 의해 유압을 발생시키는 장치
② 조향 실린더 : 조향펌프에 의한 유압을 조향력으로 변환하는 유압 실린더
③ 스톱볼트 : 조향각을 조정하는 장치(볼 너트 방식)
④ 드래그 링크 : 조향 너클과 피트먼 암과 연결하는 로드

2) 조향축의 방식
① 메쉬 방식 : 조향축에 충격이 가해지는 순간 조향축과 칼럼 튜브 사이에 있는 플라스틱 핀이 파손되면서 충격을 흡수하는 조향축 방식
② 스틸볼 방식 : 스틸볼이 상부 및 하부 칼럼 튜브의 접촉면에 홈을 형성하면서 전동하여 조향 칼럼 튜브의 길이가 짧아질 때의 저항에 의해 충격을 흡수하는 방식
③ 벨로즈 방식 : 조향축에 충격이 가해지는 순간 벨로즈 형상의 튜브가 조향축에 설치되어 있어 조향축의 길이가 짧아질 때 벨로즈가 압축되면서 충격을 흡수하는 방식

3) 앞바퀴 정렬(Alignment)
① 캠버

　㉠ 정(+)의 캠버 : 앞차륜을 앞에서 보았을 때 바퀴 중심선의 윗부분이 약간 벌어져 있는 상태

　㉡ 부(−)의 캠버 : 타이어식 건설기계의 앞차륜을 앞에서 보았을 때 바퀴 중심선의 아랫부분이 약간 벌어져 있는 상태

② 캐스터 : 앞차륜을 옆에서 보면 킹핀의 중심선이 수직선에 대하여 어느 한쪽으로 기울어져 있는 상태

③ 토우
　㉠ 토인 : 타이어식 건설기계의 앞차륜을 위에서 보았을 때 바퀴의 앞부분이 뒷부분보다 좁은 상태
　㉡ 토아웃 : 앞차륜을 위에서 보았을 때 바퀴의 앞부분이 뒷부분보다 넓은 상태
④ 킹핀 경사각 : 앞차륜을 앞에서 보면 킹핀의 중심선이 수직선에 대하여 약간 안쪽으로 설치된 상태

4 제동장치

1) 유압식 브레이크 장치

① 베이퍼 록(Vapor Lock) 현상의 원인
　㉠ 비등점이 낮은 브레이크액을 사용했을 때
　㉡ 브레이크슈 리턴 스프링 파손에 의한 잔압 저하
　㉢ 긴 내리막길에서 과도한 브레이크 사용
　㉣ 드럼과 라이닝의 끌림에 의한 가열
② 브레이크 라인 내 에어유입 시 발생현상
　㉠ 스펀지 현상이 나타난다.
　㉡ 브레이크 페달유격이 증가한다.
③ 타이어식 기중기 및 굴착기는 평탄하고 건조한 지면에서 약 25% 구배의 제동능력을 갖추어야 한다.
④ 브레이크 장치 분해 · 점검
　㉠ 드럼 내 과도한 턱과 균열이 있는지 점검한다.
　㉡ 드럼 내 과도한 긁힘과 균열이 있는지 점검한다.
　㉢ 드럼 내 편마멸과 손상이 있는지 점검한다.

2) 공기식 브레이크 장치

① 각종 밸브의 기능
　㉠ 언로더 밸브 : 공기식 브레이크 장치에서 공기 압축기의 압력 제어가 불량하다. 이때 점검해야 하는 밸브
　㉡ 안전밸브 : 릴리프 밸브를 말하며 공압이 규정값 보다 높아질 때 작동하여 회로를 보호하는 밸브
　㉢ 체크밸브 : 공압장치에서 회로 내 잔압을 유지하고 역류를 방지하는 밸브
　㉣ 릴레이 밸브 : 공기탱크로부터 브레이크 챔버의 공기 공급을 차단하는 밸브

② 릴레이 밸브의 특징
  ㉠ 앞·뒤 측 차륜의 제동 시기를 동일하게 한다.
  ㉡ 브레이크 페달을 놓았을 경우 브레이크가 신속히 해제되도록 한다.
  ㉢ 공기탱크와 브레이크 챔버 사이에 설치되어 있다.
  ㉣ 브레이크 밸브로부터 공급되는 공기압력을 뒤 측 브레이크 챔버로 보내는 역할을 한다.
  ㉤ 오일 압력으로 하이드로백 릴레이 밸브의 진공 밸브를 연다.

5 무한궤도장치

1) 트랙
① 트랙의 주요 구성품 : 슈, 핀, 링크, 부싱
② 트랙 슈의 종류
  ㉠ 단일 돌기 슈 : 큰 견인력을 얻을 수 있고 1열의 돌기를 가지는 슈
  ㉡ 이중 돌기 슈 : 중하중에 의한 슈의 힘을 방지할 수 있고 선회 성능이 우수하며 2열의 돌기를 가지는 슈
  ㉢ 암반용 슈 : 가로방향으로 작용하는 미끄럼을 방지하기 위하여 양측에 리브를 설치한 슈
③ 트랙 탈거 시 마스터 핀이 캐리어 롤러와 기동륜 사이에 있도록 한다.
④ 트랙장력이 너무 크거나 너무 작을 때 언더캐리지의 마모가 가장 빠르다.

2) 트랙 아이들러
① 트랙 아이들러의 특징
  ㉠ 양측 트랙의 앞쪽에서 트랙이 제자리를 유지할 수 있게 하부 중심선에 일치하도록 안내해주는 역할을 하는 장치
  ㉡ 트랙의 장력을 조정하기 위해 프레임 위를 앞·뒤로 움직일 수 있는 구조로 된 장치
  ㉢ 트랙이 탈선하는 가장 큰 원인 : 트랙 아이들러의 마모
  ㉣ 일반적으로 트랙 아이들러에 사용하는 베어링 : 부싱
② 트랙과 아이들러가 정확한 정렬 상태일 때 마모현상
  ㉠ 트랙 롤러의 플랜지 4개가 같이 마모된다.
  ㉡ 양쪽 링크의 양면이 같이 마모된다.
  ㉢ 아이들러 플랜지의 양면이 마모된다.
③ 아이들러 롤러가 중심부에서 외측으로 약간 밀린 상태로 조립된 경우 발생현상
  ㉠ 바깥쪽 링크의 내측 마모가 과다해진다.
  ㉡ 롤러의 안쪽 플랜지 마모가 과다해진다.

ⓒ 아이들러 롤러의 외측 마모가 과다해진다.
④ 프론트 아이들러의 특징
  ㉠ 트랙의 진행방향을 유도한다.
  ㉡ 트랙 프레임의 앞측에 설치된다.
  ㉢ 프레임 윗부분의 요크에 설치된다.

3) 상부롤러 및 하부롤러
① 상부롤러의 특징
  ㉠ 트랙이 처지지 않도록 받쳐준다.
  ㉡ 트랙의 회전위치를 바르게 유지한다.
  ㉢ 프론트 아이들러와 스프로킷 사이에 설치되어 있다.
※ 탈거방법 : 트랙 링크와 스프로킷 사이에 단단한 환봉 또는 나무를 끼운 후 작업한다.
② 하부롤러의 특징
  ㉠ 트랙 프레임에 4~7개 정도가 설치된다.
  ㉡ 전체 중량을 트랙에 균일하게 분배하는 역할을 한다.
  ㉢ 트랙의 회전 위치를 바르게 유지하는 역할을 한다.
  ㉣ 도저의 하부롤러를 탈거할 때 안전상 트랙을 가장 먼저 탈거한다.
※ 부싱 : 무한궤도식 건설기계장비에서 일반적으로 사용되는 하부롤러 베어링

4) 트랙 프레임 및 스프로킷
① 트랙 프레임의 종류
  ㉠ 솔리드 스틸형
  ㉡ 오픈 채널형
  ㉢ 박스형
② 리코일 스프링의 완충방식
  ㉠ 다이어프램 스프링 방식
  ㉡ 접지 스프링 방식
  ㉢ 질소가스 스프링 방식
  ㉣ 코일 스프링 방식
③ 스프로킷
  ㉠ 스프로킷의 중심위치 조정방법 : 베어링 앞·뒤 심(Shim)으로 조정
  ㉡ 기동륜 스프로킷 팁 끝부분이 과다하게 마모된 경우 점검방법 : 링크의 핀 부싱 상태 점검

출제예상문제

01 플라이휠과 압력판 사이에 설치되어 있으며, 변속기 압력축을 통해 변속기로 동력을 전달하는 것은?
① 릴리스 포크 ② 릴리스 레버
③ 클러치 디스크 ④ 프로펠러 샤프트

02 클러치 라이닝의 구비조건이 아닌 것은?
① 내식성이 클 것
② 온도에 의한 변화가 적을 것
③ 적당한 마찰계수를 갖출 것
④ 내마멸성 및 내열성이 적을 것

➕ 해설
내마멸성 및 내열성이 클 것

03 클러치의 미끄러짐이 가장 현저하게 발생하는 시기는?
① 공전 시   ② 저속 시
③ 고속 시   ④ 가속 시

➕ 해설
가속 시 클러치의 미끄러짐이 가장 현저하게 발생한다.

04 수동식 변속기가 장착된 건설기계에서 클러치 페달에 유격을 두는 이유는?
① 클러치의 미끄럼을 방지하기 위해
② 제동 성능을 향상시키기 위해
③ 클러치 용량을 증가시키기 위해
④ 엔진 출력을 증가시키기 위해

05 토크컨버터의 구성부품이 아닌 것은?
① 터빈
② 펌프
③ 플라이휠
④ 스테이터

➕ 해설
플라이휠 : 엔진의 구성부품

06 토크 컨버터에서 토크가 최댓값이 되는 점을 무엇이라 하는가?
① 스톨 포인트
② 회전력
③ 변속비
④ 종감속비

➕ 해설
스톨 포인트 : 토크 컨버터에서 토크가 최댓값이 되는 점

07 자동변속기가 과열하는 원인으로 틀린 것은?
① 자동변속기 오일이 규정량보다 많다.
② 자동변속기 오일쿨러가 막혔다.
③ 메인 압력이 높다.
④ 과부하 운전을 계속하였다.

➕ 해설
자동변속기 오일이 규정량보다 적다.
※ 오일이 부족하여 규정량보다 적으면 윤활 및 냉각작용이 불량하여 과열할 수 있다.

정답 01 ③ 02 ④ 03 ④ 04 ① 05 ③ 06 ① 07 ①

08 타이어의 뼈대가 되는 부분이며, 튜브의 공기압에 견디면서 일정한 체적을 유지하고 하중이나 충격에 변형되면서 완충작용을 하고 내열성 고무로 밀착시킨 구조로 되어 있는 것은 무엇인가?

① 카커스(Carcass)
② 트레드(Tread)
③ 브레이커(Breaker)
④ 비드(Bead)

➕ 해설
- 트레드(Tread) : 노면과 직접적으로 접촉하는 부분
- 브레이커(Breaker) : 트레드와 카커스의 중간에 위치한 코드 벨트
- 비드(Bead) : 카커스 코드 벨트의 양단이 감기는 철선

09 타이어의 트레드(Tread)에 대한 설명 중 틀린 것은?

① 트레드가 마모되면 열의 발산이 불량하게 된다.
② 트레드가 마모되면 지면과의 접촉 면적이 커짐으로써 마찰력이 증대되어 제동성능이 향상된다.
③ 트레드가 마모되면 구동력과 선회능력이 저하된다.
④ 타이어 공기압이 높으면 트레드의 양단부보다 중앙부의 마모가 크다.

➕ 해설
트레드가 마모되면 지면과의 접촉 면적이 다소 커지지만 마찰력이 저하되어 제동성능이 떨어진다.

10 타이어에서 트레드 패턴과 관련 없는 것은?

① 편평율
② 타이어의 배수 효과
③ 제동력
④ 구동력, 견인력

11 튜브 리스 방식 타이어(tube less type tire)의 장점이 아닌 것은?

① 고속 주행해도 발열이 적다.
② 타이어의 수명이 길다.
③ 못이 박혀도 공기가 잘 새지 않는다.
④ 타이어 펑크 수리가 간단하다.

➕ 해설
타이어의 수명이 짧다(튜브 방식 타이어에 비해).

12 조향핸들의 유격이 커지는 원인이 아닌 것은?

① 앞 차륜 베어링 과대 마모
② 타이어 공기압 과다
③ 피트먼 암의 헐거움
④ 조향기어 및 링키지 조정 불량

13 다음 중 조향핸들의 유격이 커지는 원인이 아닌 것은?

① 조향기어 및 링키지 조정 불량
② 피트먼 암의 헐거움
③ 앞차륜 베어링 과다 마모
④ 타이어 공기압 과다

➕ 해설
타이어 공기압은 조향핸들의 조작력과 관련이 있으며, 타이어 공기압이 작아질수록 조향핸들의 조작력이 커진다.

14 파워스티어링 장치에서 조향핸들이 매우 무거워 조작하기 힘든 상태인 경우 그 원인으로 가장 적절한 것은?

① 조향핸들 유격이 큼
② 조향펌프에 오일이 부족함
③ 바퀴가 습지에 있음
④ 볼 조인트의 교환시기가 초래함

정답 08 ① 09 ② 10 ① 11 ② 12 ② 13 ④ 14 ②

2. 전기, 섀시, 기중기 작업장치 - 출제예상문제

15 타이어식 건설기계에서 조향 바퀴의 토인(Toe in)을 조정하는 곳은?

① 타이로드   ② 조향핸들
③ 드래그링크   ④ 웜 기어

해설
- 토인 : 바퀴를 위에서 아래로 보았을 때 앞쪽이 뒤쪽보다 좁게 되어져 있는 상태
- 토아웃 : 앞바퀴를 위에서 아래로 보았을 때 뒤쪽이 앞쪽보다 좁게 되어져 있는 상태

16 타이어식 건설기계에서 조향바퀴의 얼라이먼트(Alignment) 종류가 아닌 것은?

① 캐스터
② 섹터 암
③ 토인
④ 캠버

해설
- 캐스터
  - 정(+)의 캐스터 : 자동차를 측면에서 보았을 때 킹핀의 위쪽이 휠 허브를 지나 노면에 수직인 직선의 '뒤'쪽으로 기울어져 있는 상태
  - 부(-)의 캐스터 : 자동차를 측면에서 보았을 때, 킹핀의 위쪽이 휠 허브를 지나 노면에 수직인 직선의 '앞'쪽으로 기울어져 있는 상태
- 토우
  - 토인 : 앞바퀴를 위에서 아래로 보았을 때 앞쪽이 뒤쪽보다 좁은 상태
  - 토아웃 : 앞바퀴를 위에서 아래로 보았을 때 뒤쪽이 앞쪽보다 좁은 상태
- 캠버
  - 정(+)의 캠버 : 앞바퀴의 '아래'쪽이 '위'쪽보다 좁은 상태
  - 부(-)의 캠버 : 앞바퀴의 '위'쪽이 '아래'쪽보다 좁은 상태
- 킹핀 경사각 : 앞바퀴를 앞쪽에서 보았을 때 킹핀의 윗부분이 안쪽으로 경사지게 설치되어 있는데, 이때 킹핀 축 중심과 노면에 대한 수직선이 이루는 각도

17 긴 내리막을 내려갈 때 베이퍼록 현상을 방지하기위한 운전방법은?

① 클러치를 차단하고 브레이크 페달을 밟고 내려간다.
② 시동을 끄고 브레이크 페달을 밟고 내려간다.
③ 엔진 브레이크를 사용한다.
④ 변속레버를 중립으로 놓고 브레이크 페달을 밟고 내려간다.

해설
베이퍼록(Vapor lock) 현상 : 브레이크액에 기포가 발생하여 브레이크 작동이 불량해지는 것을 말한다. 긴 내리막길을 내려갈 때 지나치게 브레이크를 많이 사용하면 바퀴 부분의 마찰열 때문에 브레이크 계통 내의 브레이크액이 기화하여 기포가 형성된다.

정답 15 ①   16 ②   17 ③

03 기중기 작업장치

❶ 기중기의 구조

1) 기중기의 작업종류
① 화물 적하작업
② 크레인 작업
③ 파일 항타 작업

2) 브레이크 형식
① 외부 수축식 : 가장 일반적인 붐 호이스트의 브레이크 형식이다.
② 내부 확장식 : 일반적으로 사용되고 있는 드럼 클러치의 형식이다.

3) 붐·훅·체인
① 붐 각
  ㉠ 최소 제한각도 : 20°
  ㉡ 최대 제한각도 : 78°
  ㉢ 최대 안전각도 : 66°30′
② 붐 각에 따른 성능
  ㉠ 붐 각과 기중능력은 서로 비례한다.
  ㉡ 붐 각과 작업 반경은 서로 반비례한다.
  ㉢ 붐 길이와 작업 반경은 서로 비례한다.
  ※ 작업 반경 : 훅의 중심을 지나는 수직선과 선회장치의 회전중심을 지나는 수직선 사이의 최단거리를 말한다.
  ※ 붐의 길이 : 붐의 고정핀에서 붐의 선단 시브핀까지의 거리를 말한다.
③ 붐의 기울기 : 무부하 상태에서 붐을 45° 기울이고 엔진 정지 후 붐의 기울기 변화량은 10분간 2° 이내이어야 한다.
④ 데릭 실린더 : 붐을 상승·하강시키는 역할을 하는 실린더를 말한다.

4) 와이어로프
① 와이어로프의 구성요소 : 소선, 심강, 심선, 가닥
② 해지 장치 : 와이어로프의 이탈을 방지하기 위해 훅에 설치한 안전장치를 말한다.
③ 소켓 장치 : 와이어로프 끝을 고정시키는 방식을 말한다.
④ 와이어로프의 종류
  ㉠ 안전율 4.0
    • 지지 로프

- 보조 로프
- 붐 신축용 로프
- 지브의 지지용 와이어로프
- 고정용 와이어로프

   ⓒ 안전율 5.0
- 권상용 와이어로프
- 지브의 기복용 와이어로프
- 호스트 로프

  ⑤ 와이어로프 및 드럼 연결
   ㉠ 와이어로프 지름 28mm 초과 : 클립 6개 이상으로 고정한다.
   ㉡ 와이어로프 지름 16mm 이하 : 클립 4개로 고정한다.
   ㉢ 와이어로프 지름 16mm 초과 28mm 이하 : 클립 5개로 고정한다.

  ⑥ 와이어로프의 점검방법
   ㉠ 와이어로프의 마모가 공칭지름의 7%를 초과하면 사용해서는 안 된다.
   ㉡ 와이어로프의 한 가닥에서 소선 수가 10% 이상 절단되면 사용해서는 안 된다.

  ⑦ 와이어로프에 장력이 걸릴 시 점검항목
   ㉠ 장력이 걸리지 않은 로프가 없는지 확인한다.
   ㉡ 화물이 파손될 우려가 없는지 확인한다.
   ㉢ 장력 배분이 맞는지 확인한다.

  ⑧ 플리트(fleet) 각도
   ㉠ 목적 : 와이어로프가 엇갈려 겹쳐서 감기는 것을 방지한다.
   ㉡ 권상용 드럼 홈에 따른 각도
- 홈이 없는 경우 : 플리트 각도는 2° 이내
- 홈이 있는 경우 : 플리트 각도는 4° 이내

❷ 작업장치기능

1) 기중기의 작업장치

① 훅 : 갈고리 모양으로 로프 등을 걸어서 중량물을 달아 올리는데 사용된다.
  ㉠ 종류 : 파운드리 훅, 스위벨 훅, 아이 훅, 생크 훅
  ㉡ 개조 금지사항
- 용접, 열처리, 전기 도금, 기계가공, 훅 해지장치 제거

ⓒ 훅의 점검방법
- 균열이 발생하면 사용해서는 안 된다.
- 경화 및 연화의 우려가 있으면 사용해서는 안 된다.
- 개구부가 신품상태일 때 간격의 5%를 초과하면 사용해서는 안 된다.
- 훅의 마모가 신품상태일 때 지름의 5%를 초과하면 사용해서는 안 된다.

체인의 점검방법
- 변형이 뚜렷한 것은 사용하면 안 된다.
- 균열이 있는 것은 사용하면 안 된다.
- 링의 마모가 신품상태일 때 지름의 10%를 초과하면 사용해서는 안 된다.
- 전장이 신품상태일 때 길이의 5%를 초과하면 사용해서는 안 된다.

② 백호 : 파워셔블의 버킷을 앞으로 끌어당겨 토사를 퍼 올리는데 사용된다.
③ 셔블 : 장비가 있는 장소보다 높은 곳을 굴착작업에 사용된다.
④ 클램셸 : 수직굴토, 배수구 굴삭 및 청소작업에 사용된다.
⑤ 디젤 해머 : 파일 항타작업에 사용된다.
⑥ 파일 드라이버 : 주로 항타 및 항발작업에 사용된다.
⑦ 드래그 라인 : 수중 굴착작업 등과 같이 기계의 설치 지반보다 낮은 곳을 파는 작업에 사용된다.

2) 드래그 라인(Drag Line)
① 정의 : 수중 굴착작업 등과 같이 기계의 설치 지반보다 낮은 곳을 파는 작업에 사용된다.
② 작업 사이클 : 굴착 → 선회 → 흙 쏟기 → 선회 → 굴착
③ 작업방법
ⓐ 굴착력을 높이기 위해 버킷의 투스(Tooth)를 날카롭게 연마한다.
ⓑ 도랑을 굴착할 때 경사면이 기중기 앞쪽에 위치하도록 한다.
ⓒ 기중기 앞쪽에 작업한 토사를 쌓아두지 않는다.
※페어리드 : 드래그라인에서 드래그 로프를 드럼에 잘 감기도록 하는 장치를 말한다.

3) 기중기 작업 전 점검해야 하는 안전장치
① 훅 과권장치   ② 붐 과권장치
③ 과부하 방지장치

4) 기중기의 주요검사항목
① 안정기(아웃트리거)   ② 와이어로프
③ 연장구조물   ④ 드럼
⑤ 선회장치   ⑥ 안전장치
⑦ 제어장치   ⑧ 연장구조물 구동장치

5) 기중기의 후방 안정도 향상 조건

① 아웃트리거가 없는 상태이어야 한다.

② 최소 작업 반경 이어야 한다.

③ 지면이 평탄하고 단단해야한다.

④ 달아올림기구에 하중이 가해지지 않은 상태이어야 한다.

③ 작업방법

1) 기중기 주행 시 유의사항

① 타이어식 기중기를 주차할 때는 반드시 주차 브레이크를 사용한다.

② 기중기 주행 시 선회 록(lock)을 고정시킨다.

③ 언덕길을 올라갈 때 붐을 낮춘다.

④ 고압선 아래 시 간격을 여유롭게 두고 신호자의 지시에 따른다.

⑤ 아웃트리거를 설치 시 가장 마지막에 기중기가 수평이 되도록 정렬시킨다.

2) 크레인 작업 시 안전수칙

① 가벼운 물건도 아웃트리거를 고인다.

② 운전반경 내에는 사람의 접근을 막는다.

③ 붐 각을 78° 이상으로 하지 않는다.

④ 붐 각을 20° 이하로 하지 않는다.

3) 크레인 작업 시 후방전도의 위험 상황

① 급경사로를 내려올 경우

② 붐의 기복각도가 큰 상태에서 기중기를 앞으로 이동할 경우

③ 붐의 기복각도가 큰 상태에서 급가속으로 양중할 경우

④ 양중물을 급작스럽게 해제하여 반력이 붐의 후방으로 발생할 경우

4) 크레인 작업 시 작업방법

① 신호수의 신호를 보면서 작업한다.

② 상황에 따라서 수직 또는 수평으로 달아 올린다.

③ 제한하중 이상의 물체는 달아 올리지 않는다.

5) 크레인 작업종료 시 안전수칙

① 훅은 최대한 감아올리고 차량에 고정한다.

② 붐은 인입시킨다.

③ 줄걸이 용구를 분리하여 보관한다.

④ 지반이 약한 곳에 주차하지 않는다.

6) 기중기 인양 작업 시 줄 걸이 안전사항
① 원칙적으로 신호자는 1명이다.
② 신호자는 조종사가 잘 볼 수 있는 안전한 위치에서 신호를 보낸다.
③ 2인 이상의 고리걸이 작업을 할 때에는 상호 간에 소리를 내면서 작업한다.

7) 줄걸이 용구 분리 시 주의사항
① 와이어로프를 잡아당겨 빼지 않는다.
② 훅을 2m 이상 권상한 상태로 둔다.
③ 줄걸이 용구는 분리하여 보관한다.
④ 직경이 큰 와이어로프는 잘 흔들린다.

8) 크레인 작업 시 안전사항
① 지면과 약 30cm 떨어진 지점에서 정지한 후 안전을 확인하고 상승한다.
② 화물을 들어 올릴 때 붐 각은 20° 이상 또는 78° 이하로 작업한다.
③ 측면으로 하며 비스듬히 끌어 올리지 않고 수직으로 끌어올린다.
④ 저속으로 천천히 감아올리고 와이어로프가 인장력을 받기 시작할 때는 우선 정지한다.

9) 감아올리기 작업 시 주의사항
① 지면으로 부터 약 5cm 떨어진 지점에서 정지한다.
② 비스듬히 끌어올리면 안 된다.
③ 와이어로프에 장력이 가해질 경우 일단 작업을 중지한다.
④ 감아올릴 경우 급격히 상승하면 안 된다.

10) 풀어 내리기 작업 시 주의사항
① 지면으로 부터 약 20cm 떨어진 지점에서 일단 정지한다.
② 신호자의 신호에 의해 천천히 하강한다.
③ 풀어 내릴 경우 급격히 하강하면 안 된다.

11) 트레일러에 기중기 상차방법
① 아우트리거는 완전히 집어넣고 상차한다.
② 붐을 분리시키기 힘든 경우에는 낮고 짧게 유지한다.
③ 흔들리거나 미끄러져서 전도되지 않도록 단단히 고정한다.

출제예상문제

기중기

01 기중기의 사용 용도로 부적절한 작업은?

① 화물 적하작업
② 경지정리 작업
③ 크레인 작업
④ 파일 항타 작업

해설
기중기의 작업종류
• 화물 적하작업
• 크레인 작업
• 파일 항타 작업

02 타이어식 기중기의 전도지선에 대한 설명으로 틀린 것은?

① 기중기의 좌측 또는 우측 방향 각각의 가장 전륜과 가장 후륜의 중심을 연결하는 직선을 말한다.
② 전후 바퀴 연결선이라고도 한다.
③ 붐 수직면이 직각일 때 전도지선은 전방에 있는 전후 바퀴 연결선을 말한다.
④ 붐 수직면이 직각일 때 전도지선은 후방에 있는 전후 바퀴 연결선을 말한다.

해설
전도지선 : 붐 수직면이 직각일 때 전도지선은 전방에 있는 전후 바퀴 연결선

03 기계식 기중기에서 붐 호이스트의 브레이크 형식 중 가장 일반적인 것은?

① 내부 수축식   ② 내부 확장식
③ 외부 수축식   ④ 외부 확장식

해설
외부 수축식 : 가장 일반적인 붐 호이스트의 브레이크 형식

04 기중기에서 일반적으로 사용되고 있는 드럼 클러치의 형식은?

① 내부 수축식
② 내부 확장식
③ 외부 수축식
④ 외부 확장식

해설
내부 확장식 : 일반적으로 사용되고 있는 드럼 클러치의 형식

05 기중기의 선회장치 점검에 대한 설명으로 틀린 것은?

① 상부회전체의 볼트, 너트가 풀리지 않아야 한다.
② 선회장치 작동 시 이상소음이 없어야 한다.
③ 선회장치 작동 시 열이 많이 발생해야 한다.
④ 선회 프레임에 균열이 없어야 한다.

해설
선회장치 작동 시 열이 적게 발생해야한다.

정답 1 ② 2 ④ 3 ③ 4 ② 5 ③

06 크레인 작업 시 일반적인 최대 안전각도(가장 좋은 각도)는?

① 30°60′ ② 60°30′
③ 30°66′ ④ 66°30′

➕ 해설
일반적인 최대 안전각도 : 66°30′

07 크레인 작업 시 일반적인 붐의 최소 및 최대 제한각도는?

① 최소 20°, 최대 78°
② 최소 20°, 최대 180°
③ 최소 30°, 최대 20°
④ 최소 55°, 최대 78°

➕ 해설
- 일반적인 붐의 최소 제한각도 : 20°
- 일반적인 붐의 최대 제한각도 : 78°

08 유압식 기중기의 붐 기울기 변화량에 대한 설명으로 옳은 것은?

① 무부하 상태에서 붐을 45° 기울이고 엔진 정지 후 붐의 기울기 변화량은 5분간 2° 이내일 것
② 전부하 상태에서 붐을 45° 기울이고 엔진 정지 후 붐의 기울기 변화량은 5분간 4° 이내일 것
③ 무부하 상태에서 붐을 45° 기울이고 엔진 정지 후 붐의 기울기 변화량은 10분간 2° 이내일 것
④ 전부하 상태에서 붐을 45° 기울이고 엔진 정지 후 붐의 기울기 변화량은 10분간 4° 이내일 것

➕ 해설
붐 기울기 변화량 : 무부하 상태에서 붐을 45° 기울이고 엔진 정지 후 붐의 기울기 변화량은 10분간 2° 이내일 것

09 붐의 길이에 대한 설명으로 옳은 것은?

① 훅의 끝단에서 붐의 선단 시브핀까지의 거리
② 훅의 중심에서 붐의 선단 시브핀까지의 거리
③ 붐의 끝단에서 붐의 선단 시브핀까지의 거리
④ 붐의 고정핀에서 붐의 선단 시브핀까지의 거리

➕ 해설
붐의 길이 : 붐의 고정핀에서 붐의 선단 시브핀까지의 거리

10 붐을 상승·하강시키는 역할을 하는 실린더는?

① 마스터 실린더
② 하이드롤릭 실린더
③ 데릭 실린더
④ 메인 실린더

➕ 해설
데릭 실린더 : 붐을 상승·하강시키는 역할을 하는 실린더

11 기중기에서 훅의 중심을 지나는 수직선과 선회장치의 회전중심을 지나는 수직선 사이의 최단거리는?

① 선회 중심축
② 작업 반경
③ 붐의 중심축
④ 붐 각

➕ 해설
작업 반경 : 훅의 중심을 지나는 수직선과 선회장치의 회전중심을 지나는 수직선 사이의 최단거리

정답 6 ④ 7 ① 8 ③ 9 ④ 10 ③ 11 ②

2. 전기, 섀시, 기중기 작업장치 – 출제예상문제

12 작업 반경에 대한 설명으로 옳은 것은?
① 훅의 중심을 지나는 수직선과 선회장치의 회전중심을 지나는 수직선 사이의 이동거리를 말한다.
② 선회장치의 회전중심을 지나는 수직선과 훅의 중심을 지나는 수직선 사이의 최단거리를 말한다.
③ 훅의 중심을 지나는 수직선과 선회장치의 회전중심을 지나는 수직선 사이의 평균거리를 말한다.
④ 훅의 중심을 지나는 수직선과 선회장치의 회전중심을 지나는 수직선 사이의 최장거리를 말한다.

13 인양높이에 대한 설명으로 옳은 것은?
① 지면에서 훅까지의 수직거리
② 지면에서 붐까지의 수직거리
③ 차륜 중심에서 훅까지의 평균거리
④ 차륜 중심에서 붐까지의 수직거리

⊕ 해설
인양높이 : 지면에서 훅까지의 수직거리

14 기중기의 작업장치 중에서 디젤 해머로 할 수 있는 작업은?
① 수중 굴착   ② 파일 항타
③ 와이어로프 감기   ④ 수직 굴토

⊕ 해설
파일 항타는 디젤 해머로 할 수 있는 작업이다.

15 훅의 종류가 아닌 것은?
① 파운드리 훅   ② 지그 훅
③ 아이 훅   ④ 생크 훅

⊕ 해설
훅의 종류
• 파운드리 훅   • 스위벨 훅
• 아이 훅   • 생크 훅

16 훅의 점검방법에 대한 설명으로 틀린 것은?
① 개구부가 신품상태일 때 간격의 10%를 초과하면 사용해서는 안 된다.
② 훅의 마모가 신품상태일 때 지름의 5%를 초과하면 사용해서는 안 된다.
③ 균열이 발생하면 사용해서는 안 된다.
④ 경화 및 연화의 우려가 있으면 사용해서는 안된다.

⊕ 해설
개구부가 신품상태일 때 간격의 5%를 초과하면 사용해서는 안 된다.

17 훅의 개조 금지사항이 아닌 것은?
① 용접   ② 열처리
③ 전기도금   ④ 세척

⊕ 해설
훅의 개조 금지사항
• 용접   • 열처리
• 전기 도금   • 기계가공
• 훅 해지장치 제거

18 다음 중 체인의 점검에 대한 설명으로 옳은 것은?
① 변형이 뚜렷해도 사용해도 된다.
② 균열이 있는 것은 사용해도 된다.
③ 링의 마모가 신품상태일 때 지름의 4%를 초과하면 사용해서는 안 된다.
④ 전장이 신품상태일 때 길이의 5%를 초과하면 사용해서는 안 된다.

정답 12 ② 13 ① 14 ② 15 ② 16 ① 17 ④ 18 ④

> **해설**
> - 변형이 뚜렷한 것은 사용하면 안 된다.
> - 균열이 있는 것은 사용하면 안 된다.
> - 링의 마모가 신품상태일 때 지름의 10%를 초과하면 사용해서는 안 된다.

19 기중기의 와이어로프 끝을 고정시키는 방식은?

① 소켓장치
② 체인장치
③ 스프로켓
④ 조임장치

> **해설**
> 소켓장치 : 와이어로프 끝을 고정시키는 방식

20 와이어로프의 이탈을 방지하기 위해 훅에 설치한 안전장치는?

① 이송 장치
② 스위블 장치
③ 해지 장치
④ 걸림 장치

> **해설**
> 해지 장치 : 와이어로프의 이탈을 방지하기 위해 훅에 설치한 안전장치

21 와이어로프와 드럼을 클립 고정으로 연결하고자 한다. 이때 와이어로프 지름이 28mm 초과이면 클립은 몇 개 이상 사용해야하는가?

① 2개
② 4개
③ 5개
④ 6개

> **해설**
> - 와이어로프 지름이 28mm 초과 : 클립 6개 이상 사용
> - 와이어로프 지름이 16mm 이하 : 클립 4개 사용
> - 와이어로프 지름이 16mm 초과 28mm 이하 : 클립 5개 사용

22 화물을 인양할 때 줄걸이용 와이어로프에 장력이 걸린다면 즉시 정지해서 점검해야 하는 항목이 아닌 것은?

① 장력이 걸리지 않은 로프가 없는지 확인
② 화물이 파손될 우려가 없는지 확인
③ 장력 배분이 맞는지 확인
④ 와이어로프의 종류, 규격을 확인

> **해설**
> - 와이어로프에 장력이 걸릴 시 점검항목
> - 장력이 걸리지 않은 로프가 없는지 확인한다.
> - 화물이 파손될 우려가 없는지 확인한다.
> - 장력 배분이 맞는지 확인한다.

23 기중기의 붐에 설치된 와이어로프 중 작업 시 하중이 직접적으로 작용하지 않는 것은?

① 익스펜더 케이블
② 호이스트 케이블
③ 붐 호이스트 케이블
④ 붐 백스톱 케이블

> **해설**
> 붐 백스톱 케이블 : 작업 시 하중이 직접적으로 작용하지 않는 와이어로프

정답 19 ① 20 ③ 21 ④ 22 ④ 23 ④

2. 전기, 섀시, 기중기 작업장치 – 출제예상문제

24 와이어로프의 한 가닥에서 소선 수가 몇 % 이상 절단되면 사용해서는 안 되는가?
① 5% ② 10%
③ 15% ④ 20%

해설
와이어로프의 한 가닥에서 소선 수가 10% 이상 절단되면 사용해서는 안 된다.

25 다음 중 와이어로프 점검에 대한 설명으로 옳은 것은?
① 와이어로프의 마모가 공칭지름의 3%를 초과하면 사용해서는 안 된다.
② 와이어로프의 마모가 공칭지름의 5%를 초과하면 사용해서는 안 된다.
③ 와이어로프의 마모가 공칭지름의 7%를 초과하면 사용해서는 안 된다.
④ 와이어로프의 마모가 공칭지름의 10%를 초과하면 사용해서는 안 된다.

해설
와이어로프의 마모가 공칭지름의 7%를 초과하면 사용해서는 안 된다.

26 와이어로프의 종류 중 안전율이 5.0인 것은?
① 권상용 와이어로프
② 지지 로프
③ 보조 로프
④ 붐 신축용 로프

해설
- 안전율 5.0 와이어로프 : 권상용 와이어로프, 지브의 기복용 와이어로프, 호스트 로프
- 안전율 4.0 와이어로프 : 지지 로프, 보조 로프, 붐 신축용 로프, 지브의 지지용 와이어로프, 고정용 와이어로프

27 권상용 드럼에 플리트(fleet) 각도를 두는 목적은 무엇인가?
① 와이어로프 부식 방지
② 와이어로프가 엇갈려 겹쳐서 감기는 것을 방지
③ 드럼의 균열 방지
④ 드럼의 역회전 방지

해설
권상용 드럼에 플리트(fleet) 각도는 와이어로프가 엇갈려 겹쳐서 감기는 것을 방지한다.

28 와이어로프의 플리트 각도에 대한 설명으로 옳은 것은?
① 권상용 드럼에 홈이 없는 경우 플리트 각도는 2° 이내 일 것
② 권상용 드럼에 홈이 있는 경우 플리트 각도는 8° 이내 일 것
③ 권상용 드럼에 홈이 없는 경우 플리트 각도는 8° 이내 일 것
④ 권상용 드럼에 홈이 있는 경우 플리트 각도는 2° 이내 일 것

해설
- 권상용 드럼에 홈이 없는 경우 플리트 각도는 2° 이내 일 것
- 권상용 드럼에 홈이 있는 경우 플리트 각도는 4° 이내 일 것

29 와이어로프의 구성요소가 아닌 것은?
① 소선 ② 심강
③ 심선 ④ 중공

해설
와이어로프의 구성요소
- 소선
- 심강
- 심선
- 가닥

정답 24 ② 25 ③ 26 ① 27 ② 28 ① 29 ④

30 파권 방지 장치의 설치위치는?

① 붐 하부 푸트핀과 상부선회체 사이
② 겐트리시브와 붐 끝단 시브 사이
③ 메인윈치와 붐 끝단 시브 사이
④ 붐 끝단 시브와 훅 블록 사이

⊕ 해설

파권 방지 장치의 설치위치 : 붐 끝단 시브와 훅 블록 사이

31 기중기에서 붐 각을 40°에서 60°로 조작하였다. 다음 중 옳은 것은?

① 입체하중이 작아진다.
② 붐 길이가 짧아진다.
③ 기중능력이 작아진다.
④ 작업 반경이 작아진다.

⊕ 해설

- 기중기에서 붐 각과 기중능력은 서로 비례한다.
- 붐 길이와 작업 반경은 서로 비례한다.
- 붐 각과 작업 반경은 서로 반비례한다.
- 작업 반경과 기중능력은 서로 반비례한다.

32 다음중 기중기에 대한 설명으로 틀린 것을 모두 고른 것은?

ㄱ. 붐 각과 기중능력은 서로 반비례한다.
ㄴ. 붐 길이와 작업 반경은 서로 반비례한다.
ㄷ. 상부회전체의 최대 회전각은 270°이다.

① ㄱ, ㄴ   ② ㄱ, ㄷ
③ ㄴ, ㄷ   ④ ㄱ, ㄴ, ㄷ

⊕ 해설

- 기중기에서 붐 각과 기중능력은 서로 비례한다.
- 붐 길이와 작업 반경은 서로 비례한다.
- 상부회전체의 최대 회전각은 360°이다.

33 다음 그림과 같이 기중기에 부착된 작업 장치는?

① 훅
② 백호
③ 클램셀
④ 파일 드라이버

⊕ 해설

- 훅 : 갈고리 모양으로 로프 등을 걸어서 중량물을 달아 올리는데 사용된다.
- 백호 : 파워셔블의 버킷을 앞으로 끌어당겨 토사를 퍼 올리는데 사용된다.
- 클램셀 : 수직굴토, 배수구 굴삭 및 청소 작업에 사용된다.
- 파일 드라이버 : 주로 항타 및 항발 작업에 사용된다.

34 기중기의 드래그 라인(Drag Line) 작업방법에 대한 설명으로 틀린 것은?

① 굴착력을 높이기 위해 버킷의 투스(tooth)를 날카롭게 연마한다.
② 도랑을 굴착할 때 경사면이 기중기 앞쪽에 위치하도록 한다.
③ 드래그 베일 소켓을 페어리드 쪽으로 당긴다.
④ 기중기 앞쪽에 작업한 토사를 쌓아두지 않는다.

⊕ 해설

- 드래그 라인 : 수중 굴착작업 등과 같이 기계의 설치 지반보다 낮은 곳을 파는 굴착기
- 드래그 라인의 작업 사이클 : 굴착 → 선회 → 흙쏟기 → 선회 → 굴착

정답 30 ④ 31 ④ 32 ④ 33 ④ 34 ③

2. 전기, 섀시, 기중기 작업장치 – 출제예상문제

35 기중기의 작업장치 중에서 장비가 있는 장소보다 높은 곳을 굴착할 때 적합한 것은?

① 셔블 ② 파일 드라이버
③ 훅 ④ 드래그 라인

해설
- 셔블 : 장비가 있는 장소보다 높은 곳을 굴착 작업에 사용된다.
- 파일 드라이버 : 주로 항타 및 항발 작업에 사용된다.
- 훅 : 갈고리 모양으로 로프 등을 걸어서 중량물을 달아 올리는데 사용된다.
- 드래그 라인 : 수중 굴착작업 등과 같이 기계의 설치 지반보다 낮은 곳을 파는 작업에 사용된다.

36 기중기의 드래그라인에서 드래그 로프를 드럼에 잘 감기도록 하는 장치는?

① 라인 와인더 ② 페어리드
③ 시브 ④ 태그라인

해설
- 페어리드 : 드래그 로프를 드럼에 잘 감기도록 하는 장치
- ※ 태그라인이 고장 나면 붐 기복 발생 시 버킷이 과도하게 흔들리거나 로프의 꼬임이 발생한다.

37 기중기 작업 전에 점검해야 하는 안전장치가 아닌 것은?

① 훅 과권장치
② 과부하 방지장치
③ 어큐뮬레이터
④ 붐 과권장치

해설
기중기 작업 전 점검해야 하는 안전장치
- 훅 과권장치
- 과부하 방지장치
- 붐 과권장치

38 기중기의 주요검사항목이 아닌 것은?

① 안정기(아우트리거)
② 와이어로프
③ 연장구조물
④ 예비타이어

해설
기중기의 주요검사항목
- 안정기(아우트리거)
- 와이어로프
- 연장구조물
- 드럼
- 선회장치
- 안전장치
- 제어장치
- 연장구조물 구동장치

39 다음 중 기중기의 후방 안정도를 높이기 위한 조건이 아닌 것은?

① 아웃트리거가 없는 상태이어야 한다.
② 최소 작업 반 이어야 한다.
③ 지면이 평탄하고 단단해야한다.
④ 달아올림기구에 하중이 가해진 상태이어야 한다.

해설
달아올림기구에 하중이 가해지지 않은 상태이어야 한다.

40 기중기 작업 시 후방전도의 위험 상황이 아닌 것은?

① 붐의 기복각도가 큰 상태에서 기중기를 앞으로 이동할 경우
② 급경사로를 내려올 경우
③ 붐의 기복각도가 큰 상태에서 급가속으로 양중할 경우
④ 양중물을 급작스럽게 해제하여 반력이 붐의 후방으로 발생할 경우

해설
급경사로를 내려올 경우 전방전도 우려가 크다.

정답 35 ① 36 ② 37 ③ 38 ④ 39 ④ 40 ②

41 크레인 작업 시 안전사항으로 맞는 것은?
① 지면과 약 30cm 떨어진 지점에서 정지한 후 안전을 확인하고 상승한다.
② 가벼운 화물을 들어 올릴 때에는 붐 각을 안전각도 이하로 작업한다.
③ 측면으로 하며 비스듬히 끌어 올린다.
④ 저속으로 천천히 감아올리고 와이어로프가 인장력을 받기 시작할 때는 빨리 당긴다.

해설
- 화물을 들어 올릴 때 붐 각은 20° 이상 또는 78° 이하로 작업한다.
- 측면으로 하며 비스듬히 끌어 올리지 않고 수직으로 끌어올린다.
- 저속으로 천천히 감아올리고 와이어로프가 인장력을 받기 시작할 때는 우선 정지한다.

42 기중기 주행 시 유의사항에 대한 설명으로 틀린 것은?
① 타이어식 기중기를 주차할 때는 반드시 주차 브레이크를 사용할 것
② 기중기 주행 시 선회 록(lock)을 고정시킬 것
③ 언덕길을 올라갈 때 가능한 붐을 세울 것
④ 고압선 아래 시 간격을 여유롭게 두고 신호자의 지시에 따를 것

해설
언덕길을 올라갈 때 붐을 낮출 것

43 크레인 작업 시 올바른 작업 방법에 대한 설명으로 틀린 것은?
① 신호수의 신호를 보면서 작업한다.
② 상황에 따라서 수직 방향으로 달아 올린다.
③ 항상 수평으로 달아 올린다.
④ 제한하중 이상의 물체는 달아 올리지 않는다.

해설
상황에 따라서 수직 또는 수평으로 달아 올린다.

44 크레인 작업 시 안전기준에 대한 설명으로 틀린 것은?
① 기중기로 물체를 운반할 경우 붐 각은 20° 이하 또는 78° 이상으로 작업한다.
② 작업 중인 기중기의 작업 반경 내에는 접근하지 않는다.
③ 작업 시 시야(視野)가 양호한 방향으로 선회한다.
④ 급회전하지 않는다.

해설
기중기로 물체를 운반할 경우 붐 각은 20° 이상 또는 78° 이하로 작업한다.

45 기중기 인양 작업 시 줄 걸이 안전사항으로 틀린 것은?
① 원칙적으로 신호자는 1명이다.
② 권상 작업 시 지면에 있는 보조자는 와이어로프를 손으로 꼭 잡아 화물이 흔들리지 않도록 한다.
③ 신호자는 조종사가 잘 볼 수 있는 안전한 위치에서 신호를 보낸다.
④ 2인 이상의 고리걸이 작업을 할 때에는 상호 간에 소리를 내면서 작업한다.

정답 41 ① 42 ③ 43 ③ 44 ① 45 ②

2. 전기, 섀시, 기중기 작업장치 – 출제예상문제

46 감아올리기 작업 시 주의사항에 대한 설명으로 틀린 것은?

① 지면으로 부터 약 5cm 떨어진 지점에서 정지한다.
② 비스듬히 끌어올리면 안 된다.
③ 와이어로프에 장력이 가해질 경우 계속 작업해도 된다.
④ 감아올릴 경우 급격히 상승하면 안 된다.

⊕ 해설
와이어로프에 장력이 가해질 경우 일단 작업을 중지한다.

47 풀어내리기 작업 시 주의사항에 대한 설명으로 틀린 것은?

① 지면으로 부터 약 10cm 떨어진 지점에서 일단 정지한다.
② 지면으로 부터 약 20cm 떨어진 지점에서 일단 정지한다.
③ 신호자의 신호에 의해 천천히 하강한다.
④ 풀어 내릴 경우 급격히 하강하면 안 된다.

⊕ 해설
지면으로 부터 약 20cm 떨어진 지점에서 일단 정지한다.

48 기중기의 작업 시 안전수칙으로 틀린 것은?

① 가벼운 물건은 아우트리거를 고이지 말 것
② 운전반경 내에는 사람의 접근을 막을 것
③ 붐 각을 78도 이상으로 하지 말 것
④ 붐 각을 20°도 이하로 하지 말 것

⊕ 해설
가벼운 물건도 아우트리거를 고일 것

49 트레일러에 기중기를 상차하는 방법에 대한 설명으로 틀린 것은?

① 아우트리거는 완전히 집어넣고 상차한다.
② 붐을 분리시키기 힘든 경우에는 낮고 짧게 유지한다.
③ 흔들리거나 미끄러져서 전도되지 않도록 단단히 고정한다.
④ 최대한 무거운 카운터 웨이트를 부착하여 상차한다.

50 기중기에 아우트리거를 설치할 때 가장 마지막에 해야 하는 작업은?

① 기중기가 수평이 되도록 정렬시킨다.
② 모든 아우트리거의 실린더를 확장시킨다.
③ 모든 아우트리거의 빔을 원하는 폭이 되도록 연장시킨다.
④ 아우트리거의 고정 핀을 빼낸다.

⊕ 해설
기중기에 아우트리거를 설치할 때 가장 마지막에 기중기가 수평이 되도록 정렬시킨다.

51 아우트리거 설치 시 주의사항에 대한 설명으로 옳은 것은?

① 차량의 수평과 관계없다.
② 아우트리거를 최소로 확장한다.
③ 접지판이 모두 지면과 밀착하도록 설치한다.
④ 지반이 약한 경우 그대로 작업한다.

⊕ 해설
• 차량의 수평을 맞춘다.
• 아우트리거를 최대로 확장한다.
• 지반이 약한 경우 아웃트리거 아래쪽에 철판을 설치한다.

정답 46 ③ 47 ① 48 ① 49 ④ 50 ① 51 ③

52 기중기에서 엔진 동력을 유압으로 변환시켜 주는 장치는?

① 훅 해지장치
② 카운터웨이트
③ 동력인출장치(PTO)
④ 턴테이블

🔵 해설
- 훅 해지장치 : 줄걸이용 와이어로프의 이탈을 방지하는 안전장치
- 카운터웨이트 : 기중기의 전도를 방지하는 장치
- 턴테이블 : 상부회전체를 회전시키는 장치

53 동력인출장치(PTO) 작동 중 안전수칙에 대한 설명으로 옳은 것은?

① 클러치 페달에서 신속히 발을 뗀다.
② 충분한 시운전을 한다.
③ 클러치 페달을 50% 밟고 동력인출장치(PTO) 스위치를 누른다.
④ 시동 직후 바로 동력인출장치(PTO)를 넣는다.

정답 52 ③ 53 ②

Chapter 03 유압일반

1 유압원리 및 작동유

1) 유압 원리
① 파스칼의 원리 : 직접적인 유압의 작동 원리
② 캐비테이션 현상
  ㉠ 공동현상을 말하며, 유압이 진공에 가까워짐으로써 기포가 생기고 이로 인해 국부적인 고압이나 소음이 발생하는 현상
  ㉡ 유압탱크 내에 설치되어 있는 스트레이너의 일부가 막히거나 과도하게 조밀하면 발생하는 현상
③ 숨 돌리기 현상 : 유압 작동유에 유입된 공기의 압축 팽창 차에 의해 피스톤 동작이 느려지고 불안정해지며, 압력이 낮거나 공급량이 적을수록 더욱 심해지는 현상

2) 유압 작동유
① 유압 작동유의 구비조건
  ㉠ 인화점이 높아야 한다.
  ㉡ 화학적으로 안정되어야 한다.
  ㉢ 방청성이 좋아야 한다.
  ㉣ 온도에 따른 점도변화가 작아야 한다.
② 유체클러치 오일의 구비조건
  ㉠ 착화점이 높아야 한다.
  ㉡ 비중이 커야 한다.
  ㉢ 비등점이 높아야 한다.
  ㉣ 점도가 낮아야 한다.
③ 유압 작동유 교체 시 주의사항
  ㉠ 화기 근처에서는 교체하지 않는다.
  ㉡ 장비를 정지시킨 후 교체한다.
  ㉢ 먼지 등 이물질이 유입되지 않도록 한다.
  ㉣ 유압 작동유가 비교적 저온 상태일 때 교체한다.

❷ 유압펌프 및 모터

1) 유압 펌프

① 외접 기어펌프 : 일반적으로 유압펌프에서 가장 많이 사용되는 형식

② 피스톤 펌프 : 유압펌프 중에서 가장 큰 출력을 발생시킬 수 있는 펌프

③ 플런저 펌프

　㉠ 펌프 토출량 제어방법
- 펌프 마력 제어
- 펌프 유량 제어
- 펌프 압력 제어

　㉡ 액시얼형 사판식 플런저 펌프의 사판 각 조정 시 변화 : 펌프의 토출유량이 바뀐다.
- 사판 각이 증가할수록 펌프의 토출유량이 증가한다.
- 사판 각이 감소할수록 펌프의 토출유량이 감소한다.

④ 정용량형 유압펌프

　㉠ 펌프 1회전당 이론 송출량이 변화하지 않는 펌프이다.

　㉡ 토출량이 적거나 토출되지 않는 원인
- 벨트 구동식에서 V벨트 장력이 작다.
- 유압작동유가 부족하다.
- 펌프 회전방향이 틀리다.

⑤ 유압펌프 정비 · 교체 시 주의사항

　㉠ 분해한 부품은 분해 순서에 따라 정렬해 놓는다.

　㉡ 내부 주요 부품은 작동유를 바른 후 조립한다.

　㉢ 작업장 바닥에 작동유가 없도록 깨끗이 청소한다.

　㉣ 반드시 안전화를 착용해야한다.

　㉤ 탱크에 유압 작동유가 채워져 있는지 확인한다.

　㉥ 펌프의 회전방향이 틀리지 않도록 한다.

　㉦ 유압회로 내 에어빼기를 한다.

⑥ 유압펌프에서 소음이 발생하는 원인

　㉠ 유압펌프에서 상부커버의 고정 볼트가 풀린 경우

　㉡ 작동유의 점도가 너무 낮은 경우

　㉢ 작동유에 공기가 유입된 경우

　㉣ 유압펌프의 구동축 베어링이 마모된 경우

2) 유압 모터

① 유압모터의 특징
  ㉠ 과부하에 대해 안전하다.
  ㉡ 소형으로 강력한 힘을 낼 수 있다.
  ㉢ 무단변속이 용이하다.
  ㉣ 정·역회전 변화가 가능하다.
※ 유압펌프 대비 유압모터의 가장 큰 특징 : 공급되는 유량으로 회전수를 제어한다.

❸ 유압밸브 및 회로

1) 유압 밸브

① 압력 제어 밸브
  ㉠ 리듀싱 밸브 : 1차측 압력과 관계없이 분기회로에서 2차측 압력을 설정압력까지 감압하는 밸브
  ㉡ 시퀀스 밸브 : 유압회로에서 어느 부분의 압력이 설정압력 이상이 되면 압력에 의해 밸브를 완전히 열고, 유압유를 1차측에서 2차측으로 통하게 하는 밸브
  ㉢ 카운터 밸런스 밸브
  ㉣ 릴리프 밸브 : 유압회로에서 실린더로 공급되는 오일 압력을 조정하여 회로 내의 최대압력을 제어하는 밸브
  ㉤ 언로드 밸브 : 일정조건에서 펌프를 무부하로 하기 위해 사용되는 밸브

② 유량 제어 밸브
  ㉠ 스로틀 밸브 : 통로의 단면적을 바꿔서 교축 작용으로 유량과 감압을 조절하는 밸브
  ㉡ 압력보상 유량제어 밸브
  ㉢ 분류 밸브
  ㉣ 니들 밸브

③ 방향 제어 밸브
  ㉠ 셔틀 밸브 : 출구가 최고 압력의 입구를 선택하는 기능을 가지고 있으며 저압측은 통제하고 고압측만 통과시키는 밸브
  ㉡ 체크 밸브 : 유압회로 내 잔압을 유지하고 역류를 방지하는 밸브
  ㉢ 감속 밸브 : 스풀을 작동시켜 유로를 서서히 개폐하여 작동체의 발진, 감속, 정지 변환 등을 충격없이 하는 밸브
  ㉣ 스풀 밸브 : 축 방향으로 이동하여 오일의 흐름을 변환하는 밸브
  ㉤ 2·3·4방향밸브

2) 유압 회로

① 유압의 기본회로
  ㉠ 탠덤 회로 : 1개 스풀을 조작하고 있을 때 그보다 하류에 있는 스풀을 사용할 수 없고 동시에 2개를 작동시켰을 때에는 반드시 상류측이 우선 작동
  ㉡ 오픈 회로 : 작동유가 탱크로부터 펌프로 흡입되고 펌프에서 제어밸브를 통과하여 엑츄에이터에 일을 한 후 다시 제어밸브를 통과하여 탱크로 복귀
  ㉢ 클로즈 회로 : 펌프에서 토출된 오일이 제어밸브를 거쳐 엑츄에이터에 도달한 후 엑츄에이터에서 제어밸브를 거쳐 다시 펌프로 복귀하여 탱크로 되돌아가지 않음
※ 피드 회로 : 클로즈 회로에서 펌프 또는 모터 등에서 누유가 발생했을 때 작동유를 보충해주는 회로

② 속도제어 회로
  ㉠ 미터 아웃 회로 : 엑츄에이터 출구 측 관로에 설치한 회로로서 실린더로부터 유출하는 유량을 직접 제어
  ㉡ 미터 인 회로 : 엑츄에이터 입구 측 관로에 설치한 회로로서 실린더로 유입하는 유량을 직접 제어
  ㉢ 블리드 오프 회로 : 실린더 입구의 분기회로에 설치한 회로로서 엑츄에이터에 흐르는 유량의 일부를 탱크로 분기
  ㉣ 감속 회로
  ㉤ 동기 회로
  ㉥ 차동 회로

③ 압력제어 회로
  ㉠ 시퀀스 회로
  ㉡ 언로드 회로
  ㉢ 카운트 밸런스 회로
  ㉣ 로크 회로
※ 최대 압력제한 회로 : 유압회로에서 일을 하지 않는 행정에서는 저압 릴리프 밸브로 압력을 제어하고, 일을 하는 행정에서는 고압 릴리프 밸브로 압력을 제어하여 작동목적에 맞게 적절한 압력을 사용함으로서 동력을 아낄 수 있는 회로

④ 유압회로 내 설정압력
  ㉠ 설정압력이 너무 높은 경우 발생현상 : 유압 작동유의 온도가 높아진다.
  ㉡ 설정압력이 너무 낮은 경우 발생현상
    • 캐비테이션 현상이 발생한다.
    • 유압펌프의 흡입이 불량해진다.
※ 유압회로에서 서지압력 : 과도적으로 상승한 압력의 최댓값

❹ 유압실린더 및 축압기

1) 유압실린더
① 역할 : 방향을 전환시킴
② 종류
  ㉠ 직선왕복 실린더
   • 차동식 실린더 • 단동식 실린더 • 복동식 실린더
  ㉡ 요동 실린더
   • 나사식 실린더 • 레버식 실린더 • 베인식 실린더
③ 유압실린더의 정비사항
  ㉠ 로드 씰 교환
  ㉡ 오일 링 교환
  ㉢ 오일 씰 교환
④ 유압실린더 분해·조립 시 주의사항
  ㉠ 무리한 힘을 가하여 분해·조립하지 않는다.
  ㉡ 용도 및 크기를 고려하여 적절한 공구를 사용한다.
  ㉢ 실린더 내부의 부품을 조립할 때에는 유압유를 바르고 분해의 역순으로 한다.
  ㉣ 다이얼게이지를 사용하여 피스톤 로드의 힘을 측정한다.

2) 축압기(어큐뮬레이터)
① 역할 : 압력 보상, 맥동 제거, 충격 완화 등
② 기능
  ㉠ 맥동 및 충격을 흡수한다.
  ㉡ 압력에너지를 축적한다.
  ㉢ 유압장치 및 유압펌프의 파손을 방지한다.
  ㉣ 에너지를 저장할 수 있다.
③ 축압기 취급 시 주의사항
  ㉠ 축압기에 용접이나 가공을 하지 않는다.
  ㉡ 유압펌프 맥동방지용 축압기는 펌프의 출구 측에 설치한다.
  ㉢ 충격 흡수용 축압기는 충격 발생원에 근접한 곳에 설치한다.
  ㉣ 축압기에 봉입하는 가스로 폭발성 기체를 사용하면 안 된다.

❺ 유압 회로도 및 기호

1) 유압 회로도

① 단면 회로도 : 유압회로도 중에서 유압기기의 내부 및 동작을 단면으로 표시
② 기호 회로도 : 유압기호로 표시
③ 그림 회로도 : 유압기기의 외형을 그림으로 표시
④ 조합 회로도 : 그림 회로도 + 단면 회로도

2) 유압기호

정용량형 유압펌프	가변용량형 유압펌프	가변용량형 유압 모터	단동 실린더	복동 실린더	감압밸브
릴리프밸브	릴리프붙이 감압밸브	파일럿작동형 감압밸브	체크 밸브	고압우선형 셔틀밸브	유압탱크 (개방형)
유압탱크 (밀폐형)	정용량형 펌프·모터	회전형 전기모터 액추에이터	오일 필터	드레인 배출기	유압 동력원
계측기(중원)	압력계	어큐뮬레이터 (축압기)	스프링	전자조작 단동솔레노이드	전자조작 복동솔레노이드
인력조작 레버	인력조작 누름버튼	파일럿조작 직접작동	파일럿조작 간접작동	기계조작 플렌저	기계조작 스프링

출제예상문제

유압일반

01 압력의 단위가 아닌 것은?
① N·m ② kPa
③ bar ④ kgf/cm²

해설
1bar ≒ 1.02kgf/cm² ≒ 1atm ≒ 14.5psi ≒ 100,000Pa = 100kPa = 0.1MPa

02 대기압 상태에서 측정한 압력계의 압력은?
① 표준대기압력 ② 진공압력
③ 절대압력 ④ 게이지압력

해설
- 진공압력 : 대기압보다 낮아지는 압력
- 절대압력 : 게이지압력 + 대기압 또는 대기압 - 진공압력

03 유압장치에 대한 설명으로 가장 적절한 것은?
① 액체로 변환시키기 위해 기체를 압축시키는 장치
② 유체의 압력에너지를 이용하여 기계적인 일을 하는 장치
③ 오일을 이용하여 전기를 발생시키는 장치
④ 무거운 물체를 들어올리기 위해 기계적인 이점을 이용하는 장치

04 유압기기는 작은 힘으로 큰 힘을 얻는 장치이다. 어떤 원리를 응용한 것인가?
① 베르누이의 원리
② 파스칼의 원리
③ 뉴턴의 원리
④ 보일의 원리

05 유압 계통에서 릴리프 밸브 스프링의 장력이 약해지면 발생할 수 있는 현상은?
① 블로바이 현상
② 노킹 현상
③ 채터링 현상
④ 트램핑 현상

해설
- 블로바이 현상 : 피스톤 압축 시 실린더 벽과 피스톤 사이의 틈새로 미량의 가스가 새어 나오는 현상
- 노킹 현상 : 엔진 실린더 내에서 비정상 연소에 의해 망치로 두드리는 것과 같은 소음이 발생하는 현상
- 채터링 현상 : 릴리프 밸브에서 볼이 밸브 시트를 두들겨서 소음을 발생시키는 현상
- 트램핑 현상 : 고속 주행 시 바퀴가 상·하로 진동하는 현상

06 유압유 내에 거품(기포)이 발생하는 원인으로 가장 적절한 것은?
① 오일 열화
② 오일 내 수분 유입
③ 오일 누설
④ 오일 내 공기 유입

07 유압유의 구비조건이 아닌 것은?
① 점도지수가 커야 한다.
② 비압축성이어야 한다.
③ 체적 탄성계수가 작아야 한다.
④ 인화점 및 발화점이 높아야 한다.

해설
체적 탄성계수가 커야한다.

정답 01 ①　02 ④　03 ②　04 ②　05 ③　06 ④　07 ③

08 유압유의 가장 중요한 성질은?
① 열효율   ② 온도
③ 점도   ④ 습도

09 유압유의 점도에 대한 설명으로 틀린 것은?
① 점성의 정도를 나타내는 척도이다.
② 점성계수를 밀도로 나눈 값이다.
③ 온도가 하강하면 점도는 높아진다.
④ 온도가 상승하면 점도는 낮아진다.

🔵 해설
동점성계수 : 점성계수를 밀도로 나눈 값이다.

10 유압회로에서 작동유의 정상온도 범위로 가장 적절한 것은?
① −10~5℃   ② 10~40℃
③ 50~70℃   ④ 90~120℃

🔵 해설
유압회로에서 작동유의 정상온도 범위 : 50~70℃

11 다음 [보기]에서 유압계통에 사용되는 오일의 점도가 너무 낮을 때 발생하는 현상으로 모두 맞는 것은?

a. 회로 내 압력저하
b. 펌프 효율 저하
c. 실린더 및 컨트롤밸브에서 누출 현상
d. 기동할 때 저항 증가

① a, c, d   ② a, b, d
③ a, b, c   ④ b, c, d

🔵 해설
'd.' : 오일의 점도가 너무 높을 때 발생하는 현상

12 다음 [보기]에서 유압 작동유가 갖추어야 할 조건을 모두 나열한 것은?

a. 압력에 대해 비압축성 일 것
b. 밀도가 작을 것
c. 열팽창계수가 작을 것
d. 체적탄성계수가 작을 것
e. 점도지수가 낮을 것
f. 발화점이 높을 것

① a, b, c, d
② a, b, c, f
③ b, c, e, f
④ b, d, e, f

🔵 해설
• d. 체적탄성계수가 클 것
• e. 점도지수가 높을 것

13 오일펌프의 종류가 아닌 것은?
① 베인펌프
② 기어펌프
③ 진공펌프
④ 플런저펌프

🔵 해설
오일펌프의 종류 : 베인펌프, 기어펌프 플런저펌프

14 유압펌프 관련 용어 중 GPM의 의미는?
① 회로 내에서 이동되는 유체의 양
② 회로 내에서 형성되는 압력의 크기
③ 복동 실린더의 치수
④ 흐름에 대한 저항

🔵 해설
GPM(Gallon Per Minute) : 유량단위

정답 08 ③ 09 ② 10 ③ 11 ③ 12 ② 13 ③ 14 ①

15 다음 그림과 같이 유압펌프의 종류 중 안쪽은 내·외측 로터, 바깥쪽은 하우징으로 구성되어 있는 펌프를 무엇이라고 하는가?

① 트로코이드 펌프
② 피스톤 펌프
③ 기어 펌프
④ 베인 펌프

16 유압펌프에서 유량 및 유압이 낮아지는 원인으로 틀린 것은?

① 기어 옆 부분과 펌프 내벽 사이의 간극이 클 때
② 기어와 펌프 내벽 사이의 간극이 클 때
③ 펌프 흡입라인이 막혔을 때
④ 오일탱크에 오일량이 과다할 때

17 유압펌프에서 소음이 발생할 수 있는 원인이 아닌 것은?

① 펌프의 속도가 느릴 때
② 오일의 양이 적을 때
③ 오일의 점도가 너무 높을 때
④ 오일 속에 공기가 유입될 때

18 회전수가 일정할 때 펌프의 토출량이 바뀔 수 있는 것은?

① 가변 용량형 피스톤 펌프
② 프로펠러 펌프
③ 정용량형 베인펌프
④ 기어펌프

19 기어펌프에 대한 설명으로 옳은 것은?

① 날개깃에 의해 펌핑작용을 함
② 가변용량 펌프임
③ 비정용량 펌프임
④ 정용량 펌프임

20 기어펌프의 회전수가 변했을 때 발생하는 현상으로 가장 적절할 것은?

① 오일 흐름 방향이 변한다.
② 회전 경사판의 각도가 변한다.
③ 오일압력이 무조건 증가한다.
④ 유량이 변한다.

21 유압펌프에서 작동유 누유 여부에 대한 점검사항이 아닌 것은?

① 운전자가 관심을 가지고 지속적으로 점검한다.
② 고정 볼트가 이완된 경우 추가 조임을 한다.
③ 정상 작동 온도로 난기 운전을 실시하여 점검하는 것이 좋다.
④ 하우징에 균열이 발생되면 패킹을 교환한다.

해설
하우징에 균열이 발생되면 유압펌프 조립체(또는 하우징)를 교환한다.

정답 15 ① 16 ④ 17 ① 18 ① 19 ④ 20 ④ 21 ④

22 유압모터의 종류에 해당하지 않는 것은?
① 베인형　　② 기어형
③ 터빈형　　④ 플런저형

23 유압모터의 단점이 아닌 것은?
① 작동유가 누출되면 작업 성능에 지장이 발생한다.
② 작동유에 먼지 및 공기가 유입되지 않도록 보수에 주의한다.
③ 릴리프 밸브를 부착하여 속도 및 방향을 제어하기 어렵다.
④ 작동유의 점도변화에 의하여 유압모터의 사용에 제한이 있다.

24 유압실린더와 유압모터의 설명으로 옳은 것은?
① 실린더는 직선운동, 모터는 회전운동
② 실린더는 회전운동, 모터는 직선운동
③ 실린더와 모터 모두 직선운동
④ 실린더와 모터 모두 회전운동

25 압력제어밸브의 역할은?
① 일의 속도 결정
② 일의 시간 결정
③ 일의 크기 결정
④ 일의 방향 결정

🔵 **해설**
- 압력제어밸브의 역할 : 일의 크기 결정
- 유량제어밸브의 역할 : 일의 속도 결정
- 방향제어밸브의 역할 : 일의 방향 결정

26 액추에이터의 운동 속도를 제어하기 위해 사용하는 밸브는?
① 방향제어 밸브　② 유량제어 밸브
③ 압력제어 밸브　④ 온도제어 밸브

27 다음 [보기]에서 유압회로에 사용되는 3가지 종류의 제어밸브를 모두 나열한 것은?

> a. 압력제어밸브
> b. 속도제어밸브
> c. 방향제어밸브
> d. 유량제어밸브

① a, b, c　　② a, b, d
③ a, c, d　　④ b, c, d

🔵 **해설**
유압회로에 사용되는 3가지 종류의 제어밸브 : 압력제어밸브, 방향제어밸브, 유량제어밸브

28 압력제어밸브가 아닌 것은?
① 언로드 밸브
② 시퀀스 밸브
③ 교축 밸브
④ 릴리프 밸브

🔵 **해설**
- 언로드 밸브 : 일정조건에서 펌프를 무부하로 하기 위해 사용되는 밸브
- 시퀀스 밸브 : 두 개 이상의 분기회로에서 유압 엑츄에이터의 작동순서를 제어하는 밸브
- 교축 밸브 : 유량제어밸브(속도제어)
- 릴리프 밸브 : 유압이 규정값 보다 높아질 때 작동하여 회로를 보호하는 밸브

29 방향제어밸브에서 내부 누유에 영향을 미치는 요소가 아닌 것은?
① 밸브 간극의 크기
② 흡입 여과기
③ 관로의 유량
④ 밸브 양단의 압력차

정답 22 ③　23 ③　24 ①　25 ③　26 ②　27 ③　28 ③　29 ③

30 유압실린더 등의 중력으로 인해 낙하를 방지하기위해 회로에 배압을 유지하는 밸브는?

① 언로더밸브
② 카운터밸런스밸브
③ 감압밸브
④ 시퀀스밸브

해설
- 언로더밸브 : 일정조건에서 펌프를 무부하로 하기 위해 사용되는 밸브
- 감압밸브 : 1차측 압력과 관계없이 분기회로에서 2차측 압력을 설정압력까지 감압하는 밸브
- 시퀀스밸브 : 두 개 이상의 분기회로에서 유압 엑츄에이터의 작동순서를 제어하는 밸브

31 유압회로에 흐르는 압력이 설정된 압력 이상으로 상승하는 것을 방지하기 위한 밸브는?

① 릴리프 밸브
② 감압 밸브
③ 시퀀스 밸브
④ 카운터 밸런스 밸브

해설
- 감압 밸브 : 1차측 압력과 관계없이 분기회로에서 2차측 압력을 설정압력까지 감압하는 밸브
- 시퀀스 밸브 : 2개 이상의 분기회로에서 유압 엑추에이터의 작동순서를 제어하는 밸브
- 카운터 밸런스 밸브 : 중력으로 인해 낙하를 방지하기 위해 배압을 유지하는 밸브
※ 압력제어밸브 : 릴리프 밸브, 감압 밸브, 시퀀스 밸브, 카운터 밸런스 밸브

32 유압이 규정값 보다 높아질 때 작동하여 회로를 보호하는 밸브는?

① 릴리프 밸브
② 시퀀스 밸브
③ 리듀싱 밸브
④ 카운터 밸런스 밸브

해설
- 시퀀스 밸브 : 두 개 이상의 분기회로에서 유압 엑츄에이터의 작동순서를 제어하는 밸브
- 리듀싱 밸브 : 1차측 압력과 관계없이 분기회로에서 2차측 압력을 설정압력까지 감압하는 밸브
- 카운터 밸런스 밸브 : 중력으로 인해 낙하를 방지하기 위해 배압을 유지하는 밸브

33 일반적으로 유압장치에서 릴리프밸브가 설치되는 위치는?

① 펌프와 제어밸브 사이
② 필터와 실린더 사이
③ 필터와 오일탱크 사이
④ 펌프와 오일탱크 사이

해설
릴리프밸브 : 유압회로 내 압력을 일정하게 유지하고 최고압력을 제한하여 회로를 보호해주는 밸브

34 유압식 건설기계장비에서 고압 호스가 자주 파열된다. 그 원인으로 가장 적절한 것은?

① 릴리프 밸브의 설정 압력 불량
② 오일의 점도저하
③ 유압펌프의 고속 회전
④ 유압모터의 고속 회전

해설
릴리프 밸브의 설정 압력 불량 : 릴리프 밸브의 설정 압력이 높으면 고압 호스가 자주 파열될 수 있다.

35 유압 컨트롤 밸브 내에서 스풀 형식의 밸브가 사용되는 목적은?

① 펌프의 회전방향을 바꾸기 위해
② 회로 내의 압력을 상승시키기 위해
③ 오일의 흐름 방향을 바꾸기 위해
④ 축압기의 압력을 바꾸기 위해

해설
스풀 밸브 : 축 방향으로 이동하여 오일의 흐름을 변환하는 밸브

정답 30 ② 31 ① 32 ① 33 ① 34 ① 35 ③

36 유체에너지를 일시 저장하여 맥동 및 충격압력을 흡수하고 부하가 클 때 저장해둔 에너지를 방출하여 순간적인 과부하를 방지하는 기기는?

① 어큐뮬레이터
② 액추에이터
③ 제어밸브
④ 유압펌프

⊕ 해설
- 엑추에이터 : 유압펌프를 통해 송출된 에너지를 직선운동이나 회전운동을 통해 기계적 일을 하는 기기
- 유압펌프 : 엔진의 기계적 에너지를 유압 에너지로 변환하는 기기

37 유압장치에 사용되는 유압기기에 대한 설명으로 틀린 것은?

① 축압기-외부로 오일누출 방지
② 유압펌프-오일 압송
③ 실린더-직선운동
④ 유압모터-무한회전운동

⊕ 해설
오일씰(Oil seal)-외부로 오일누출 방지

38 오일 씰(Seal)의 종류 중에서 O-링의 구비조건으로 옳은 것은?

① 작동 시 마모가 클 것
② 오일의 입·출입이 가능할 것
③ 죄는힘(체결력)이 작을 것
④ 압축변형이 작을 것

⊕ 해설
- 작동 시 마모가 작을 것
- 오일의 입·출입이 없을 것
- 죄는힘(체결력)이 클 것

39 유압유의 압력에너지(힘)를 기계적 에너지(일)로 변환시키는 작용을 하는 것은?

① 유압펌프   ② 액추에이터
③ 어큐뮬레이터   ④ 유압밸브

⊕ 해설
- 유압펌프 : 엔진의 기계적 에너지를 유압 에너지로 변환
- 어큐뮬레이터 : 유체에너지를 일시 저장하여 맥동 및 충격압력을 흡수하고 부하가 클 때 저장해둔 에너지를 방출하여 순간적인 과부하를 방지

40 유압장치의 불순물 및 금속가루를 제거하기 위한 장치로 바르게 나열된 것은?

① 스크레이퍼, 필터
② 여과기, 어큐뮬레이터
③ 필터, 스트레이너
④ 어큐뮬레이터, 스트레이너

41 유압장치에서 오일탱크의 구비조건으로 틀린 것은?

① 유면은 적정위치 'F'에 가깝게 유지해야 한다.
② 발생한 열을 발산할 수 있어야 한다.
③ 공기 및 이물질을 오일로부터 분리할 수 있어야 한다.
④ 탱크의 크기는 정지할 때 되돌아오는 오일량의 용량과 동일하게 한다.

42 호이스트형 유압호스 연결부에 가장 많이 사용하는 것은?

① 니플 조인트   ② 유니온 조인트
③ 엘보 조인트   ④ 소켓 조인트

⊕ 해설
유니온 조인트 : 호이스트형 유압호스 연결부에 가장 많이 사용하는 것

정답 36 ①   37 ①   38 ④   39 ②   40 ③   41 ④   42 ②

3. 유압일반 - 출제예상문제

43 단동 실린더의 기호 표시는?

① (그림)
② (그림)
③ (그림)
④ (그림)

🔵 해설
- ▭━ : 복동 실린더
- ▭ : 복동 실린더 양 로드형
- ⌇ : 압력 스위치

44 방향전환밸브의 조작방식에서 단동 솔레노이드 기호 표시는?

① (그림)
② (그림)
③ (그림)
④ (그림)

🔵 해설
- : 인력조작-레버
- : 기계조작-플런저
- : 전자조작-단동솔레노이드
- : 파일럿조작-직접작동

45 방향전환밸브의 조작방식에서 복동 솔레노이드 기호 표시는?

① (그림)
② (그림)
③ (그림)
④ (그림)

🔵 해설
- : 인력조작-레버
- : 전자조작 단동 솔레노이드
- : 파일럿조작-직접작동

46 다음 유압 기호 표시는?

① 순차 밸브
② 무부하 밸브
③ 릴리프 밸브
④ 감압 밸브

정답 43 ② 44 ③ 45 ② 46 ②

해설
자주 출제되는 유압기호

정용량형 유압펌프	가변용량형 유압펌프	가변용량형 유압 모터	단동 실린더	복동 실린더
감압밸브	릴리프밸브	릴리프붙이 감압밸브	파일럿작동형 감압밸브	체크 밸브
고압우선형 셔틀밸브	유압탱크 (개방형)	유압탱크 (밀폐형)	정용량형 펌프·모터	회전형 전기모터 액추에이터
오일 필터	드레인 배출기	유압 동력원	계측기(중원)	압력계
어큐뮬레이터 (축압기)	스프링	전자조작 단동 솔레노이드	전자조작 복동 솔레노이드	인력조작 레버
인력조작 누름버튼	파일럿조작 직접작동	파일럿조작 간접작동	기계조작 플런저	기계조작 스프링

Chapter 04 건설기계 법규 및 도로통행방법

1 건설기계 법규

1) 건설기계의 범위
① 콘크리트 살포기
② 자체중량 2톤 이상 로더
③ 노상안정기
④ 펌프식, 버킷식, 디퍼식 또는 그래브식으로 비자항식인 준설선
⑤ 공기 토출량이 2.83m³ 이상 이동식 공기압축기(매cm²당 7kg 기준)
⑥ 공기 토출량이 자주식 모터그레이더
⑦ 정지장치를 가진 자주식 모터그레이더
⑧ 노상안정장치를 가진 자주식 노상안정기
⑨ 적재용량 12톤 이상 덤프트럭
⑩ 혼합장치를 가진 자주식 콘크리트믹서 트럭
⑪ 20kW 이상 원동기를 가진 이동식 쇄석기

2) 건설기계 범위에 속하지 않는 것
① 천장크레인
② 차체굴절식 조향장치가 있는 자체중량 4톤 미만의 로더
③ 적재용량 11톤 이하의 덤프트럭

3) 소형건설기계
① 분류
　㉠ 3톤 미만 굴착기
　㉡ 3톤 미만 지게차
　㉢ 3톤 미만 타워크레인
　㉣ 5톤 미만 천공기
　㉤ 5톤 미만 로더
② 조종 교육시간
　㉠ 18시간(이론 6시간, 실습 12시간) : 5톤 미만 불도저, 3톤 이상 5톤 미만 로더
　㉡ 12시간(이론 6시간, 실습 6시간) : 3톤 미만 로더, 3톤 미만 지게차, 3톤 미만 굴착기

4) 자동차 1종 대형 면허로 조종할 수 없는 건설기계
① 지게차
  ㉠ 3톤 미만 지게차 : 1종 대형면허 또는 1종 보통면허가 있는 상태에서 12시간 교육이수 필요
  ㉡ 3톤 이상 지게차 : 지게차운전기능사 필요
② 굴착기
  ㉠ 3톤 미만 굴착기 : 1종 대형면허 또는 1종 보통면허가 있는 상태에서 12시간 교육이수 필요
  ㉡ 3톤 이상 굴착기 : 굴착기운전기능사 필요

5) 조명장치
① 번호등 : 최고속도가 15km/h 미만인 타이어식 건설기계가 갖추지 않아도 되는 조명
② 후부반사기 : 최고속도가 15km/h 미만인 타이어식 건설기계가 반드시 갖춰야 할 조명장치

6) 규정속도
① 30km/h 이내 : 총중량 2톤 미만인 자동차를 총중량이 그의 3배 이상인 자동차로 견인할 때
② 25km/h 이내 : 총중량 2톤 미만인 자동차를 총중량이 그의 3배 이상인 자동차로 견인할 때 외, 이륜자동차가 견인할 때
③ 30km/h 이상 속도를 낼 수 있는 타이어식 건설기계에 좌석 안전띠를 설치해야 함

7) 건설기계 사업·등록·검사
① 건설기계 사업
  ㉠ 건설기계 사업을 영위하고자 하는 자는 시장·군수 또는 구청장에게 신고해야 함
  ㉡ 건설기계 사업의 범위
    • 건설기계 폐기업
    • 건설기계 매매업
    – 건설기계 매매업을 등록하고자 하는 자의 구비서류 : 보증보험증서, 하자보증금예치증서
    • 건설기계 정비업
    – 전문건설기계정비업
    – 종합건설기계정비업
    – 부분건설기계정비업
    • 건설기계 대여업
    – 건설기계 대여업을 하고자 하는 자는 시·도지사에게 등록해야 함
  ㉢ 원동기 전문 건설기계 정비업의 사업범위
    • 연료펌프 분해정비
    • 실린더 헤드 탈착정비
    • 크랭크축 분해정비

※ 원동기 전문 건설기계 정비업은 유압장치 정비업을 할 수 없으며 유압장치 정비업은 종합 건설기계 정비업, 부분 건설기계 정비업, 건설기계 장비 시설을 갖춘 전문 정비사업자만 할 수 있음

　　ㄹ) 건설기계 임시운행 사유
- 신개발 건설기계를 시험 및 연구 목적으로 운행하고자 할 때
- 확인검사를 받기 위해 건설기계를 검사장소로 운행하고자 할 때
- 신규등록검사를 받기 위해 건설기계를 검사장소로 운행하고자 할 때
- 건설기계 등록신청을 하기 위해 등록지로 운행하고자 할 때
- 판매 또는 전시를 위해 건설기계를 일시적으로 운행하고자 할 때
- 수출을 위해 건설기계를 선적지로 운행하고자 할 때
- 수출을 위해 등록을 말소한 건설기계를 정비·점검하고자 운행할 때

② 건설기계 등록
　　ㄱ) 건설기계의 소유자는 대통령령이 정하는 바에 의하여 건설기계 등록을 해야 함
　　ㄴ) 건설기계의 소유자가 건설기계를 등록하고자 할 때 등록신청은 사용 본거지의 관할 시·도지사에게 해야 함
　　ㄷ) 건설기계 등록사항 중 변경사항이 있을 때 소유자는 건설기계등록사항 변경신고서를 시·도지사에게 제출해야 함
　　ㄹ) 건설기계 등록사항 변경신고
- 변경이 있는 날로부터 30일 이내 신고
- 상속의 경우 상속 개시일로부터 3개월 이내 신고
- 전시 또는 사변 등 기타 이에 준하는 국가비상사태 시에는 5일 이내 신고

　　ㅁ) 건설기계 등록사항 변경신고 시 제출서류
- 건설기계 검사증
- 변경을 증명하는 서류
- 건설기계 등록사항 변경신고서
- 건설기계 등록증

　　ㅂ) 건설기계 등록 시 건설기계 출처를 증명하는 서류
- 매수증서(관청으로부터 매수)
- 건설기계 제원표
- 건설기계 제작증
- 수입면장
- 건설기계 소유자임을 증명하는 서류
- 보험 또는 공제 가입 증명 서류

ⓢ 건설기계 등록 시 전시, 사변 등 국가비상사태에는 5일 이내에 등록해야 함
  - 시·도지사로부터 등록번호표 제작 통지를 받은 건설기계 소유자는 3일 이내에 시·도지사에게 지정받은 등록번호표 제작자에게 등록번호표 제작을 신청해야 함
  - 등록번호표 제작 등의 신청을 받은 등록번호표 제작자는 7일 이내에 제작 등을 해야 함
  - 등록사항 중 변경이 있을 시에는 변경이 있는 날로부터 30일 이내에 등록해야 함(단, 상속의 경우 상속 개시일로부터 3개월 이내, 국가비상사태의 경우 5일 이내)
  - 국가비상사태 외 평시에는 건설기계 취득일로부터 2개월 이내에 등록해야 함
ⓞ 건설기계의 등록을 말소할 때 등록번호표를 10일 이내에 시·도지사에게 반납해야 함
ⓩ 건설기계 등록말소 사유
  - 건설기계를 도난당한 경우
  - 건설기계의 차대가 등록 시의 차대와 상이한 경우
  - 건설기계를 수출하는 경우
  - 정기검사 유효기간이 만료된 날로부터 3개월 이내에 시·도지사의 최고를 지정받고 지정된 기한까지 정기검사를 받지 않은 경우
  - 건설기계를 폐기한 경우
  - 연구·목적으로 사용하는 경우
  - 부당한 방법으로 등록한 경우
  - 천재지변 등 이에 준하는 사고로 사용할 수 없게 되거나 멸실된 경우
  - 건설기계안전기준에 적합하지 않는 경우
  - 구조적 결함으로 건설기계를 판매·제작자에게 반품한 경우
ⓩ 건설기계의 등록번호표에 표시되는 내용
  - 등록번호
  - 기종
  - 용도
  - 등록관청
㉠ 건설기계 등록번호표의 도색
  - 색상
    - 비사업용(관용 또는 자가용) : 흰색 바탕에 검은색 문자
    - 대여사업용: 주황색 바탕에 검은색 문자
  - 일련번호
    - 관용 : 0001~0999
    - 자가용 : 1000~5999
    - 대여사업용 : 6000~9999

ⓔ 등록건설기계의 기종별 표시

표시	기종	표시	기종
01	불도저	06	덤프트럭
02	굴착기	07	기중기
03	로더	08	모터그레이더
04	지게차	09	롤러
05	스크레이퍼	10	노상안정기

ⓟ 특별표지판을 부착해야 하는 대형건설 건설기계
- 최소회전반경 12m 초과
- 길이 16.7m 초과
- 총중량 40톤 초과
- 높이 4m 초과
- 너비가 2.5m 초과
- 총중량 상태에서 축하중이 10톤 초과

③ 건설기계 검사
 ㉠ 정기검사 : 검사유효기간이 끝난 후에 계속해서 운행하려는 경우 실시하는 검사
   - 건설기계의 정기검사를 실시하는 검사업무 대행기관 : 건설기계 안전 관리원
   - 건설기계의 정기검사 신청기간은 정기검사 유효기간 만료일 전, 후 각각 30일 이내에 해야 함
   - 건설기계의 정기점사 유효기간이 1년이 되는 것은 신규등록일로부터 20년 이상 경과되었을 때임
   - 건설기계의 정기검사 유효기간
    - 굴착기(타이어식) : 1년
    - 덤프트럭 : 1년
    - 기중기(타이어식, 트럭적재식) : 1년
    - 천공기(트럭 적재식) : 2년
    - 지게차(1톤 이상) : 2년
    - 로더(타이어식) : 2년

- 건설기계의 정기검사 유효기간이 연장될 수 있는 경우
  - 타워크레인 또는 천공기가 해체된 경우 – 해체되어 있는 기간 이내
  - 압류된 건설기계의 경우 – 압류기간 이내
  - 해외 임대를 위해 일시 반출되는 경우 – 반출기간 이내
  - 건설기계 대여업을 휴지한 경우 – 휴지기간 이내
- ※ 건설기계의 정기검사를 연기하는 경우에는 그 연기기간을 6개월 이내로 함
  - 건설기계의 제동장치 정기검사
    - 건설기계의 제동장치에 대한 정기검사를 면제 받고자하는 경우 필요한 첨부 서류 : 건설기계 제동장치 정비확인서
    - 건설기계 제동장치 정비확인서는 건설기계정비업자가 발행함
  - ⓒ 수시검사 : 성능 불량 또는 사고가 자주 발생하는 건설기계의 안전성 등을 점검하는 검사
    - 시·도지사가 수시검사를 명령하고자 할 때에는 수시검사를 받아야 할 날부터 10일 이전에 건설기계 소유자에게 명령서를 교부해야 함
  - ⓒ 구조변경검사 : 건설기계의 주요 구조를 개조하거나 변경한 경우 실시하는 검사
    - 구조변경검사는 건설기계검사소(검사대행자)에게 신청해야 함
    - 구조변경 검사신청은 변경 일로부터 20일 이내에 해야 함
- ※ 구조변경 및 개조 범위
  - 건설기계의 길이, 너비, 높이 형식 변경
  - 수상작업용 건설기계의 선체 형식 변경
  - 조종장치의 형식 변경
  - 원동기의 형식 변경
  - 동력전달장치의 형식 변경
  - 주행장치의 형식 변경
  - 유압장치의 형식 변경
  - 조향장치의 형식 변경
  - 제동장치의 형식 변경
  - 작업장치의 형식 변경
  - ㉣ 출장검사
    - 덤프트럭이 출장검사를 받을 수 있는 경우
    - 최고속도가 35km/h 미만인 경우
    - 너비가 2.5m를 초과하는 경우
    - 축중이 10톤을 초과하는 경우
    - 차체 중량이 40톤 초과하는 경우

4. 건설기계 법규 및 도로통행방법

8) 건설기계 관리법규의 벌칙
  ① 100만 원 이하의 벌금
    ㉠ 건설기계관리법상 건설기계의 구조변경검사를 받지 않은 자
    ㉡ 정비명령을 이행하지 않은 자
    ㉢ 구조변경 검사 또는 수시검사를 받지 않은 자
    ㉣ 등록번호를 지워 없애거나 식별을 곤란하게 한 자
  ② 과태료 10만 원
    ㉠ 건설기계 조종사의 변경 신고를 허위로 한 때
    ㉡ 건설기계 검사증을 해당 건설기계에 비치하지 않은 때
  ③ 1년 이하의 징역 또는 1천만 원 이하의 벌금
    ㉠ 건설기계관리법상에서 건설기계를 도로에 방치하거나 정당한 사유 없이 타인의 토지에 버려둔 자
    ㉡ 폐기요청을 받은 건설기계를 폐기하지 않거나 등록번호표를 폐기하지 않은 자
    ㉢ 건설기계조종사면허를 받지 않고 건설기계를 조종한 자
  ④ 2년 이하의 징역 또는 2천만 원 이하의 벌금 : 등록되지 않은 건설기계를 사용하거나 운행한 자
  ⑤ 건설기계 조종사 면허
    ㉠ 건설기계 조종사면허를 면허취소하거나 면허효력을 정지시킬 수 있는 자 : 시장·군수 또는 구청장
  ※ 시장·군수 또는 구청장은 건설기계 조종사면허를 취소 또는 1년 이내의 기간을 정하여 면허효력을 정지시킬 수 있음
    ㉡ 건설기계 조종 중 재산피해를 입혔을 때 피해금액 50만 원당 면허효력 정지기간 : 1일
  ※ 50만 원당 1일씩 이며 최대 90일을 넘지 못함
    ㉢ 건설기계 조종사의 면허취소 사유
      • 고의로 인명피해를 일으킨 때
      • 과실로 7명 이상에게 중상을 입힌 때
      • 과실로 3명 이상을 사망하게 한 때
      • 과실로 19명 이상에게 경상을 입힌 때
    ㉣ 고의 또는 과실 이외 기타 인명 피해를 입힌 경우
      • 경상 1명마다 면허효력 정지 5일
      • 중상 1명마다 면허효력 정지 15일
      • 사망 1명마다 면허효력 정지 45일
  ※ 교통사고에 의한 경상의 기준 : 교통사고로 인해 5일 이상 3주 미만의 치료를 요하는 부상
    교통사고에 의한 중상의 기준 : 3주 이상의 치료를 요하는 부상

ⓜ 건설기계 조종사 면허증의 반납 사유
- 면허효력이 정지된 경우
- 면허가 취소된 경우
- 면허증을 재교부 받은 후에 분실된 면허증을 발견한 경우

※ 면허증 반납 사유가 발생한 날로부터 10일 이내 주소지 관할 시장·군수 또는 구청장에게 반납해야 함

❷ 도로통행방법

1) 편도 4차로 자동차 전용도로에서 지게차의 주행차로 : 4차로

2) 최고속도의 50/100을 줄인 속도로 운행해야 하는 경우
① 폭우로 인해 가시거리가 100m 이내인 경우
② 눈이 20mm 이상으로 쌓인 경우
③ 노면이 얼어붙은 경우

3) 최고속도의 20/100을 줄인 속도로 운행해야 하는 경우
① 눈이 20mm 미만으로 쌓인 경우
② 노면이 젖은 경우

4) 앞지르기 금지장소
① 다리 위, 경사로의 정상부근
② 급경사로의 내리막, 도로의 구부러진 곳
③ 앞지르기 금지표지 설치장소
④ 터널 안, 교차로
⑤ 비탈길의 고갯마루 부근

5) 올바른 정차방법
① 진행방향과 평행하게 정차한다.
② 도로의 우측 가장자리에 정차한다.

6) 주차 금지장소
① 터널 안 및 다리 위
② 다음 각 목의 곳으로부터 5미터 이내인 곳

– 도로공사를 하고 있는 경우에는 그 공사구역의 양쪽 가장자리
– 다중이용업소의 영업장이속한 건출물로 소방본부장의 요청에 의하여 지방경찰청장이 지정한 곳
– 지방경철정창이 도로에서의 위험을 방지하고 교통의 안전과 원활한 소통을 확보하기 위하여 필요하다고 인정하여 지정한 곳

7) 주 · 정차 금지장소
① 교차로, 횡단보도, 건널목이나 보도와 차도가 구분된 도로의 보도(차도와 보도에걸쳐서 설치된 노상주차장 제외)
② 교차로의 가장자리나 도로의 모퉁이로부터 5미터 이내인 곳
③ 안전시대가 설치된 도로에서는 그 안전지대의 사방으로부터 각각 10미터 이내인 곳
④ 버스여객자동차의 정류지임을 표시하는 기둥이나표지판 또는 선이 설치된 곳으로부터 10미터 이내인 곳
⑤ 건널목의 가장자리 또는 횡잔보도로부터 10미터 이내인 곳
⑥ 다음 각 목의 곳으로부터 5미터 이내인 곳
– 소방용수시설 또는 비상소화장치가 설치된 곳
– 소방시설로서 정하는 시설이 설치된 곳
⑦ 지방경찰청장이 도로에서의위험을 방지하고 교통의 안전과 원활한 소통을 확보하기 위하여 필요하다고 인정하여 지정한 곳
⑧ 어린이 보호구

8) 가장 우선적인 신호 : 경찰관 수신호

9) 교통사고를 야기한 도주차량 신고로 인한 벌점상계에 대한 특혜점수 : 40점

10) 벌점의 누산 점수 초과로 인한 면허취소 기준 중 1년간 최소 누산 점수 : 121점

11) 음주운전 측정 및 처벌기준
① 술에 취한 상태의 기준 혈중알코올농도 : 0.03% 이상
② 면허정지 : 0.03% 이상 0.08% 미만
③ 면허취소 : 0.08% 이상(만취상태)
④ 음주운전 2회 이상 적발 시, 징역 2~5년 / 벌금 1,000~2,000만 원
⑤ 음주운전 사망 : 최고 무기징역, 최저 3년 이상 징역

12) 통행의 우선순위 : 긴급자동차 → 일반자동차 → 원동기장치 자전거
※ 긴급자동차 외 일반자동차 간의 통행 우선순위는 최고속도의 순서에 따름

13) 차로가 설치된 도로에서 통행하는 방법 중 위반 되는 경우
① 두 개의 차로에 걸쳐 운행한 경우
② 갑자기 차로를 바꾸어 옆 차선에 끼어드는 경우
③ 여러 차로를 연속적으로 가로 지르는 경우
※ 일반 통행도로에서 중앙 좌측부분을 통행하는 경우는 위반사항이 아님

14) 도로교통법상에서 정의된 긴급자동차
① 위독환자의 수혈을 위한 혈액 운송 차
② 국군이나 연합군 긴급차에 유도되고 있는 차
③ 응급 전신·전화 수리공사에 사용되는 차
④ 긴급한 경찰업무수행에 사용되는 차
※ 긴급자동차 : 소방·구급·혈액공급 자동차 및 그밖에 대통령령이 정하는 자동차로서 그 본래의 긴급한 용도로 사용되고 있는 자동차

15) 안전표지의 종류
① 보조표지
② 지시표지
③ 주의표지
④ 규제표지
⑤ 노면표지

16) 교통안전표지의 종류와 형태

진입금지	최저속도 제한	최고속도 제한	차 중량 제한
좌·우로 이중 굽은 도로	좌·우회전	회전형 교차로	

출제예상문제

건설기계 법규 및 도로통행방법

01 건설기계관리법상 자동차 1종 대형 면허로 조종할 수 없는 건설기계는?

① 콘크리트펌프
② 천공기(트럭 적재식)
③ 굴착기
④ 콘크리트 믹서 트럭

🔾 해설
- 3톤 미만 굴착기 : 1종 대형면허 또는 1종 보통 면허가 있는 상태에서 12시간 교육이수 필요
- 3톤 이상 굴착기 : 굴착기운전기능사 필요

02 천공기를 조종할 수 있는 건설기계 조종사 면허는? (단, 2019년 기준이다.)

① 천공기 면허
② 공기압축기 면허
③ 기중기 면허
④ 불도저 면허

🔾 해설
2012년 5월 7일 이전 공기압축기 면허를 취득한 자는 천공기를 조종할 수 있었으나 2012년 5월 7일 이후 공기압축기 면허를 취득한 자는 공기압축기만 조종할 수 있고 천공기 면허를 취득한 자만 천공기를 조종할 수 있다(단, 2012년 5월 7일 이전에 공기압축기 면허를 취득한 자는 2013년 12월 31까지 천공기 면허로 갱신 완료해야 지속적으로 천공기를 조종할 수 있음).

03 항발기를 조종할 수 있는 건설기계 조종사 면허는? (단, 2019년 기준이다.)

① 스크레이퍼 ② 공기압축기
③ 기중기   ④ 천공기

🔾 해설
2012년 5월 7일 이전 기중기 면허를 취득한 자는 항타 및 항발기를 조종할 수 있었으나 2012년 5월 7일 이후 기중기 면허를 취득한 자는 기중기만 조종할 수 있고 천공기 면허를 취득한 자만 항타 및 항발기, 천공기를 조종할 수 있습니다(단, 2012년 5월 7일 이전에 기중기 면허를 취득한 자는 2013년 12월 31까지 천공기 면허로 갱신 완료해야 지속적으로 항타 및 항발기를 조종할 수 있음).

04 최고속도가 15km/h 미만인 건설기계가 갖추지 않아도 되는 조명은?

① 제동등
② 후부반사기
③ 번호등
④ 전조등

🔾 해설
최고속도가 15km/h 미만인 건설기계가 반드시 갖춰야 할 조명장치는 후부반사기이다.

05 건설기계의 소유자는 어느 령이 정하는 바에 의하여 건설기계 등록을 해야 하는가?

① 대통령령
② 국무총리령
③ 시·도지사령
④ 국토교통부장관령

정답 01 ③ 02 ① 03 ④ 04 ③ 05 ①

06 시·도지사의 직권이나 소유자의 신청으로 건설기계의 등록을 말소할 수 있는 사유가 아닌 것은?

① 건설기계 정기검사에 불합격된 경우
② 건설기계를 도난당한 경우
③ 건설기계의 차대가 등록 시의 차대와 상이한 경우
④ 건설기계를 수출하는 경우

🔹 해설

등록말소 사유
- 건설기계를 도난당한 경우
- 건설기계의 차대가 등록 시의 차대와 상이한 경우
- 건설기계를 수출하는 경우
- 정기검사 유효기간이 만료된 날로부터 3개월 이내에 시·도지사의 최고를 지정 받고 지정된 기한까지 정기검사를 받지 않은 경우
- 건설기계를 폐기한 경우
- 연구·목적으로 사용하는 경우
- 부당한 방법으로 등록한 경우
- 천재지변 등 이에 준하는 사고로 사용할 수 없게 되거나 멸실된 경우
- 건설기계안전기준에 적합하지 않는 경우
- 구조적 결함으로 건설기계를 판매·제작자에게 반품한 경우

07 건설기계의 소유자가 건설기계를 등록하고자 할 때 등록신청은 누구에게 해야 하는가?

① 시·도지사
② 전문 건설기계 정비업자
③ 국토교통부장관
④ 검사대행자

🔹 해설

건설기계 등록신청은 건설기계 소유자의 주소지 또는 건설기계 사용 본거지의 관할 시·도지사에게 한다.

08 관용 건설기계의 등록번호표 색깔은?

① 백색 판에 흑색 문자
② 주황색 판에 백색 문자
③ 청색 판에 백색 문자
④ 녹색판에 백색 문자

🔹 해설

건설기계 등록번호표는 비사업용(관용 또는 자가용)과 대여사업용으로 구분되며 임시번호표는 목판으로 백색판에 흑색 문자이다.

구 분		일련번호	색 상
비사업용	관 용	0001~0999	흰색 바탕에 검은색 문자
	자가용	1000~5999	
대여사업용		6000~9999	주황색 바탕에 검은색 문자

09 등록건설기계의 기종별 표시가 바르게 짝 지어진 것은?

① 01 - 불도저
② 02 - 모터그레이더
③ 03 - 지게차
④ 04 - 덤프트럭

🔹 해설

등록건설기계의 기종별 표시

표 시	기 종	표 시	기 종
01	불도저	06	덤프트럭
02	굴착기	07	기중기
03	로더	08	모터그레이더
04	지게차	09	롤러
05	스크레이퍼	10	노상안정기

10 특별표지판을 부착해야 하는 대형 건설기계에 포함되지 않는 것은?

① 최소회전반경이 14m인 건설기계
② 길이가 17m인 건설기계
③ 총중량이 50톤인 건설기계
④ 높이가 3.5m인 건설기계

해설
특별표지판 부착해야 하는 대형 건설기계
- 최소회전반경 12m 초과
- 길이 16.7m 초과
- 총중량 40톤 초과
- 높이 4m 초과
- 너비가 2.5m 초과
- 총중량 상태에서 축하중이 10톤 초과

11 폐기요청을 받은 건설기계를 폐기하지 않거나 등록번호표를 폐기하지 않은 자에 대한 벌칙은?

① 2년 이하의 징역 또는 2천만 원 이하의 벌금
② 1년 이하의 징역 또는 1천만 원 이하의 벌금
③ 2백만 원 이하의 벌금
④ 1백만 원 이하의 벌금

해설
※ 참고
- 2년 이하의 징역 또는 2천만 원 이하의 벌금 : 등록되지 않은 건설기계를 사용하거나 운행한 자 등에 대한 벌칙
- 1백만 원 이하의 벌금 : 정비명령을 이행하지 않은 자, 구조변경 검사 또는 수시검사를 받지 않은 자, 등록번호를 지워 없애거나 식별을 곤란하게 한 자 등에 대한 벌칙

12 건설기계 정비업의 종류로 맞는 것은?

① 전문건설기계정비업, 특수건설기계정비업, 부분건설기계정비업
② 전문건설기계정비업, 종합건설기계정비업, 부분건설기계정비업
③ 전문건설기계정비업, 특수건설기계정비업, 중기건설기계정비업
④ 전문건설기계정비업, 종합건설기계정비업, 장기건설기계정비업

13 건설기계조종사면허를 받지 않고 건설기계를 조종한 자에 대한 벌칙은 무엇인가?

① 100만 원 이하의 벌금
② 1년 이하의 징역 또는 1천만 원 이하의 벌금
③ 과태료 10만 원
④ 2년 이하의 징역 또는 2천만 원 이하의 벌금

해설
건설기계조종사면허를 받지 않고 건설기계를 조종한 자는 1년 이하의 징역 또는 1천만 원 이하의 벌금을 적용한다.

14 타이어식 로더의 정기검사 유효기간은?

① 3개월   ② 6개월
③ 1년   ④ 2년

해설
- 덤프트럭 : 1년
- 기중기(타이어식, 트럭적재식) : 1년
- 지게차(1톤 이상) : 2년
- 로더(타이어식) : 2년

정답 10 ④ 11 ② 12 ② 13 ② 14 ④

15 신규 등록일로부터 5년 경과된 트럭적재식 기중기의 정기검사 유효기간은?

① 3개월   ② 6개월
③ 1년   ④ 2년

⊕ 해설
정기검사 유효기간
• 굴착기(타이어식) : 1년
• 덤프트럭 : 1년
• 기중기(타이어식, 트럭적재식) : 1년
• 천공기(트럭 적재식) : 2년
• 지게차(1톤 이상) : 2년
• 로더(타이어식) : 2년

16 건설기계의 정기검사 유효기간이 연장될 수 있는 경우의 설명으로 틀린 것은?

① 타워크레인 또는 천공기가 해체된 경우-해체되어 있는 기간 이내
② 압류된 건설기계의 경우-압류기간 이내
③ 해외 임대를 위해 일시 반출되는 경우-반출기간 이내
④ 건설기계 대여업을 휴지한 경우-3개월 이내

⊕ 해설
• 건설기계 대여업을 휴지한 경우-휴지기간 이내
※ 건설기계의 정기검사를 연기하는 경우에는 그 연기기간을 6개월 이내로 한다.

17 건설기계 조종사의 면허취소 사유인 것은?

① 고의로 인명피해를 일으킨 때
② 과실로 6명 이상에게 중상을 입힌 때
③ 3천만 원 재산피해를 입힌 때
④ 과실로 2명 이상을 사망하게 한 때

⊕ 해설
면허취소 사유
• 과실로 7명 이상에게 중상을 입힌 때
• 과실로 3명 이상을 사망하게 한 때
• 과실로 19명 이상에게 경상을 입힌 때
※ 3천만 원 재산피해를 입힌 때 : 면허효력정지 60일(50만 원당 1일, 최대 90일을 넘지 못함)

18 건설기계 운전자가 조종 중 고의로 인명피해를 입히는 사고를 일으킨 경우 면허처분 기준은?

① 면허효력 정지 5일
② 면허효력 정지 15일
③ 면허효력 정지 45일
④ 면허취소

⊕ 해설
• 면허효력 정지 5일 : 고의 또는 과실 이외 기타 인명 피해를 입힌 경우 경상 1명마다
• 면허효력 정지 15일 : 고의 또는 과실 이외 기타 인명 피해를 입힌 경우 중상 1명마다
• 면허효력 정지 45일 : 고의 또는 과실 이외 기타 인명 피해를 입힌 경우 사망 1명마다

19 다음 신호 중에서 가장 우선적인 신호는?

① 안전표시 지시
② 신호등 신호
③ 신호기 신호
④ 경찰관 수신호

⊕ 해설
경찰관 수신호 : 가장 우선적인 신호

20 편도 4차로 자동차 전용도로에서 지게차의 주행차로는?

① 1차로   ② 2차로
③ 3차로   ④ 4차로

정답 15 ③ 16 ④ 17 ① 18 ④ 19 ④ 20 ④

21 음주운전 측정 및 처벌기준에서 술에 취한 상태의 기준 혈중알코올농도는 몇 % 이상인가?

① 0.03% ② 0.05%
③ 0.08% ④ 0.10%

해설
- 술에 취한 상태의 기준 혈중알코올농도 : 0.03% 이상
- 면허정지 : 0.03% 이상 0.08% 미만
- 면허취소 : 0.08% 이상(만취상태)

22 통행의 우선순위가 바르게 나열된 것은?

① 승합자동차 → 원동기장치 자전거 → 긴급자동차
② 건설기계 → 원동기장치 자전거 → 승용자동차
③ 긴급자동차 → 원동기장치 자전거 → 승용자동차
④ 긴급자동차 → 일반자동차 → 원동기장치 자전거

해설
긴급자동차 외 일반자동차 간의 통행 우선순위는 최고속도의 순서에 따른다.

23 건설기계로 도로주행 시 교차로 전방 20m 지점에 이르렀을 때 신호등이 황색으로 바뀌었다. 운전자의 적절한 조치방법은?

① 관계없이 계속 진행한다.
② 주위의 교통상황을 예의주시하면서 진행한다.
③ 일시 정지하여 안전을 확인한 후 진행한다.
④ 정지할 준비를 하여 정지선에 정지한다.

24 교차로 통행 방법에 대한 설명 중 틀린 것은?

① 교차로에서는 앞지르기를 할 수 없다.
② 교차로에서는 정차하지 못한다.
③ 교차로에서는 반드시 경음기를 작동시킨다.
④ 좌·우 회전 시 방향지시등으로 신호를 해야 한다.

25 다음 중 교차로 통행방법에 대한 설명으로 틀린 것은?

① 좌회전 시 교차로 중심 안쪽으로 서행한다.
② 교차로 내에는 차선이 없기 때문에 진행방향을 임의로 바꿀 수 있다.
③ 교차로에서 우회전 시 서행한다.
④ 교차로에서 직진하려는 차는 이미 교차로에 진입하여 좌회전하고 있는 차의 진로를 방해할 수 없다.

26 도로교통법상에서 올바른 정차방법에 대한 설명으로 맞는 것은?

① 진행방향과 비스듬하게 정차한다.
② 진행방향과 평행하게 정차한다.
③ 도로의 좌측 가장자리에 정차한다.
④ 도로의 중앙에 정차한다.

해설
- 진행방향과 평행하게 정차한다.
- 도로의 우측 가장자리에 정차한다.

정답 21 ① 22 ④ 23 ④ 24 ③ 25 ② 26 ②

27 차마(車,馬)가 도로 이외의 장소에 출입하기 위해 보도를 횡단하려고 할 때 가장 적절한 통행방법은?
① 보도 직전에서 일시정지하여 보행자의 통행을 방해하지 않아야 한다.
② 보행자가 있어도 차마(車,馬)가 우선 출입한다.
③ 보행자 유·무에 관계없이 주행한다.
④ 보행자가 없으면 빨리 주행한다.

28 도로교통법상에서 교차로의 가장자리 또는 도로의 모퉁이로부터 몇 m 이내의 장소에 주·정차를 해서는 안 되는가?
① 3m ② 5m
③ 7m ④ 10m

29 일시정지 안전 표지판이 설치된 횡단보도에서 위반되는 경우는?
① 횡단보도 직전에 일시 정지하여 안전을 확인 후 통과하였다.
② 경찰공무원이 진행신호를 하여 일시정지 하고 않고 통과하였다.
③ 보행자가 보이지 않아 그대로 통과하였다.
④ 연속적으로 진행 중인 앞차의 뒤를 따라 진행할 때 일시 정지하였다.

30 도로교통법상에서 일시정지 및 서행에 대한 설명으로 틀린 것은?
① 신호등이 없고 교통이 복잡한 교차로에서는 일시정지 해야 한다.
② 비탈길 고갯마루 부근에서는 서행해야 한다.
③ 도로가 구부러진 곳에서는 서행해야 한다.
④ 신호등이 없는 철길 건널목을 통과할 때에는 서행으로 통과해야한다.

➕해설
신호등이 없는 철길 건널목을 통과할 때에는 일시정지 하여 안전여부를 확인 후 통과해야한다.

31 도로교통법상에서 모든 차의 운전자가 서행해야 하는 장소에 포함되지 않는 곳은?
① 도로가 구부러진 부근
② 가파른 비탈길의 내리막
③ 비탈길의 고개 마루 부근
④ 편도 2차로 이상의 다리 위

➕해설
모든 차의 운전자가 서행해야 하는 장소
• 도로가 구부러진 부근
• 가파른 비탈길의 내리막
• 비탈길의 고개 마루 부근
• 교통정리를 하고 있지 않는 교차로
• 지방경찰청장이 정한 곳

32 폭우로 가시거리가 100m 이내인 경우 또는 노면이 얼어붙은 경우 최고속도의 얼마를 줄인 속도로 운행해야 하는가?
① 20/100 ② 30/100
③ 40/100 ④ 50/100

➕해설
최고속도의 50/100을 줄인 속도로 운행해야 하는 경우
• 폭우로 가시거리가 100m 이내인 경우
• 노면이 얼어붙은 경우
• 폭설·안개 등으로 가시거리가 100m 이내인 경우
• 눈이 20mm 이상으로 쌓인 경우
※ 최고속도의 20/100을 줄인 속도로 운행해야 하는 경우
• 노면이 젖은 경우
• 눈이 20mm 미만으로 쌓인 경우

정답 27 ① 28 ② 29 ③ 30 ④ 31 ④ 32 ④

33 도로교통법에 위반되는 경우는?

① 노면이 얼어붙은 경우 최고속도의 50/100을 줄인 속도로 운행하였다.
② 눈이 20mm 이상으로 쌓인 경우 최고속도의 20/100을 줄인 속도로 운행하였다.
③ 눈이 20mm 미만으로 쌓인 경우 최고속도의 20/100을 줄인 속도로 운행하였다.
④ 안개로 인해 가시거리가 100m 이내인 경우 최고속도의 50/100을 줄인 속도로 운행하였다.

해설
눈이 20mm 이상 쌓인 경우 최고속도의 50/100을 줄인 속도로 운행해야한다.

34 도로교통법상에서 정의된 긴급자동차가 아닌 것은?

① 위독환자의 수혈을 위한 혈액 운송 차
② 학생운송 전용버스
③ 응급 전신·전화 수리공사에 사용되는 차
④ 긴급한 경찰업무수행에 사용되는 차

해설
도로교통법상에서 정의된 긴급자동차
• 위독환자의 수혈을 위한 혈액 운송 차
• 응급 전신·전화 수리공사에 사용되는 차
• 긴급한 경찰업무수행에 사용되는 차
• 국군이나 연합군 긴급차에 유도되고 있는 차
※ 긴급자동차 : 소방·구급·혈액공급 자동차 및 그밖에 대통령령이 정하는 자동차로서 그 본래의 긴급한 용도로 사용되고 있는 자동차

35 교통안전표지의 종류와 형태에서 다음 그림이 나타내는 표시는?

① 최저속도 제한
② 차 중량 제한
③ 진입금지
④ 통행금지

해설
자주 출제되는 교통안전표지

정답 33 ② 34 ② 35 ③

Chapter 05 안전관리

1 산업안전일반

1) 도수율(빈도율) : 연 100만 근로시간당 재해발생 건수

2) 강도율 : 연 1000 근로시간당 근로손실 일수

3) 천인율(재해율) : 근로자수 1,000명 당 발생하는 재해자수의 비율

4) 연천인율 : 근로자 1000명당 연간 발생하는 재해자 수

5) 안전점검의 종류
   ① 일상점검의 대상
      ㉠ 환경적인 면 : 청결상태, 작업장소, 조명, 환기, 온도, 습도 등
      ㉡ 관리적인 면 : 작업순서, 작업내용, 작업방법, 안전수칙 등
      ㉢ 물적인 면 : 공구, 기계기구 설비, 전기시설 등
      ㉣ 인적인 면 : 기능상태, 건강상태, 자격 적정배치, 보호구 착용 등
   ② 안전사고 및 부상의 종류
      ㉠ 경상해 : 부상으로 인해 1일 이상 7일 이하의 노동 손실을 가져온 상해 정도
      ㉡ 중상해 : 부상으로 인해 8일 이상의 노동 손실을 가져온 상해 정도
      ㉢ 사망 : 업무로 인해 목숨을 잃게 된 경우
      ㉣ 무상해 사고 : 응급처치 이하의 상처로 작업에 종사하면서 치료를 받는 상해 정도
   ③ 사고로 인한 재해가 가장 많이 발생하는 것
      ㉠ 벨트
      ㉡ 풀리

6) 화재
   ① 연소의 3요소 : 가연물, 점화원, 산소
   ② 화재의 분류

A급 화재	일반 화재(목재, 종이, 천 등 고체 가연물 화재)
B급 화재	기름 화재(휘발유, 벤젠 등 유류 화재)
C급 화재	전기 화재
D급 화재	금속 화재

③ 소화방법
  ㉠ 가연물질의 공급을 차단한다.
  ㉡ 점화원을 발화점 온도 이하로 낮춘다.
  ㉢ 산소 공급을 차단한다.
  ㉣ 유류화재일 경우 모래 혹은 흙을 뿌린다.
④ 유기용제 취급장소의 색채
  ㉠ 제1종 유기용제 : 빨강
  ㉡ 제2종 유기용제 : 노랑
  ㉢ 제3종 유기용제 : 파랑

❷ 기계·기기 및 공구에 관한사항

1) 다이얼 게이지 사용시 주의사항
① 측정 면에 직각으로 설치해야 한다.
② 스핀들에 주유하거나 그리스로 도포하지 않고 보관한다.
③ 0점 조정하여 측정한다.
④ 게이지에 충격을 가하지 않는다.

2) 마이크로미터 사용시 안전사항
① 눈금 읽을 때 시차를 작게 하기위해 수직위치에서 읽는다.
② 떨어뜨리거나 충격을 가하지 않는다.
③ 온도 변화가 작은 곳에 보관한다.
④ 앤빌과 스픈들을 서로 접촉하지 않은 상태에서 보관한다.

3) 렌치를 사용시 주의사항
① 스패너를 사용할 때는 몸 앞으로 당긴다.
② 스패너를 사용할 때는 조금씩 돌린다.
③ 반드시 파이프 렌치는 둥근 물체만 사용한다.
④ 스패너의 자루가 짧을 때는 연결대, 긴 파이프 등을 꽂고 사용하면 안된다.

4) 선반작업 시 안전수칙
① 내경 작업 중 구멍에 손가락을 넣어 점검하지 않는다.
② 선반의 바이트는 끝을 짧게 설치한다.
③ 공구대 위 또는 선반의 베드 위에 공구 및 측정기를 올려놓지 않는다.
④ 기계를 정지시킨 후 치수를 측정한다.

5) 드릴작업 시 안전사항
① 머리카락이 긴 작업자의 경우 머리카락을 단정하게 하고 작업모를 착용한다.
② 드릴작업 시 장갑을 끼고 작업하지 않는다.
③ 공작물을 완전히 고정시킨다.
④ 입으로 쇳가루를 불지 않는다.

6) 드릴링 머신을 이용한 탭작업 시 탭의 파손원인
① 레버에 과도하게 힘을 주었을 때
② 탭의 경도가 소재보다 작을 때
③ 구멍이 똑바르지 않을 때
④ 구멍 밑바닥에 탭 끝이 닿았을 때

7) 드라이버 사용시 주의사항
① 전기 작업 시 금속 부분이 자루 밖으로 나와 있으면 안 된다.
② 홈의 폭과 날 끝의 길이가 같은 것을 사용한다.
③ 날 끝은 수평이어야 한다.
④ 작은 부품도 두 손으로 잡고 안전하게 사용한다.

8) 연삭기 사용시 안전수칙
① 숫돌 커버를 열고 작업하지 않는다.
② 숫돌과 받침대와의 간격은 3mm 이내로 유지한다.
③ 소형 숫돌은 측압이 작기 때문에 되도록 측면 활용을 하지 않는다.
④ 해당 기계의 규정된 숫돌차를 사용한다.

9) 연삭작업 시 안전사항
① 숫돌과 받침대와의 간격은 3mm 이내로 유지한다.
② 숫돌의 표면이 과다하게 변형된 것은 반드시 수정한다.
③ 나무 해머로 숫돌을 가볍게 두들겼을 때 맑은 음이 들리면 정상이다.
④ 연삭기의 받침대는 숫돌차의 중심선과 같게 한다.

10) 줄작업 시 유의사항
① 공작물을 바이스에 확실하게 고정한다.
② 몸 쪽으로 밀 때만 힘을 가한다.
③ 절삭가루는 솔로 털어낸다.
④ 날이 메워지면 와이어 브러시로 털어낸다.

11) 해머작업 시 안전사항

① 녹슨 것을 타격할 때 보안경을 착용한다.

② 해머의 타격면에 기름을 바르지 않는다.

③ 타격하려는 곳에 시선을 고정시킨다.

④ 처음에는 서서히 타격한다.

12) 해머작업 시 주의사항

① 녹슨 것을 타격할 시 반드시 보안경을 착용한다.

② 장갑을 끼지 않고 해머 작업을 한다.

③ 손상된 해머를 사용하지 않는다.

④ 반드시 주위를 살핀 후 해머를 타격한다.

13) 동력조향장치 분해 · 정비작업 간 안전사항

① 반드시 건설기계장비의 시동이 정지된 것을 확인 후에 탈거 · 조립한다.

② 오일 출입구의 유압호스를 탈거할 때 먼지 등 이물질이 유입되지 않도록 주의한다.

③ 유압실린더의 로드를 움직이면 유압유가 나오므로 주의하여 작업한다.

④ 오일실은 신품으로 교환하고, 그 외 각종 부품은 경유로 세척한다.

14) 전기장치 정비 시 주의사항

① 직류전압을 측정할 때 선택 스위치는 DCV에 놓는다.

② 배터리 케이블은 각종 스위치를 모두 끄고 난 후 분리한다.

③ 전류계는 직렬로 연결하고 전압계는 병렬로 연결한다.

④ 전기장치는 세척하면 안 된다.

❸ 작업 안전

1) 도로 굴착

① 도시가스가 공급되는 지역에서 지하차도 굴착공사를 하고자 하는 경우 가스안전 영향평가를 작성하여 시장, 군수 또는 구청장에게 제출해야 함

② 가스안전 영향평가서를 작성해야 하는 공사 : 가스배관이 통과하는 지하보도

③ 도로 굴착 중 도시가스 보호포가 나온 경우 매설된 도시가스 배관의 압력

㉠ 황색 : 저압(0.1MPa 미만)

㉡ 적색 : 중압(0.1MPa 이상 1MPa 미만) 이상

※ 지상배관은 가스압력과 관계없이 황색으로 표시함

④ 도로 굴착자는 되메움 공사를 끝낸 후 도시가스 배관의 손상을 방지위해 최소 3개월 이상 침하 유무 확인

⑤ 도시가스 관련법상 가스배관과의 수평거리 30cm 이내에서 파일 박기 금지
⑥ 도시가스 배관 주위에 상수도관을 매설 시 최소한 도시가스 배관과 30cm 이상 이격
⑦ 도시가스 배관을 아파트 단지 내 도로에 매설 시 배관 상부와 지면과 최소 0.6m 이격
⑧ 지중전선로 중 직접 매설식에 의해 시설 할 경우 토관의 깊이를 최소 0.6m 이상(단, 차량 및 기타 중량물의 압력을 받을 우려는 없는 장소임)
⑨ 굴착 시 공동주택 등의 부지 내일 경우 도시가스배관 지하매설 심도 : 0.6m 이상
⑩ 굴착 시 도로폭이 4m 이상 8m 미만일 경우 도시가스배관 지하매설 심도 : 1m 이상
⑪ 굴착 시 도로폭 8m 이상 도로일 경우 도시가스배관 지하매설 심도 : 1.2m 이상
⑫ 도로 굴착자가 가스배관 매설위치 확인 시 인력으로 굴착해야 하는 범위 : 가스배관의 주위 1m 이내
⑬ 도시가스 배관 주위에서 굴착장비 등으로 작업 시 준수사항
　㉠ 가스배관 주위 1m 까지는 장비로 작업이 가능함
　㉡ 가스배관 좌·우 1m 이내에서는 장비작업을 금하고 인력으로 작업해야 함
　㉢ 가스배관 주위 1m 이내에서는 어떤 장비의 작업도 금지함
　㉣ 가스배관 주위 1m 까지는 사람이 직접 확인할 경우 굴착기 등으로 작업할 수 있음
⑭ 도시가스 배관 매설 시 라인마크는 배관길이 최소 50m 마다 1개 이상 설치
⑮ 도로 굴착작업 중 전력케이블 표지시트가 발견 시 조치방법
　㉠ 즉시 굴착작업을 중지하고 해당설비 관리자에게 연락 후 그 지시를 따름
　㉡ 전력케이블 표지시트는 차도에서 지표면 아래 30cm 깊이에 설치되어 있음

2) 전기공사
① 154kV 송전선로에 대한 안전거리 : 160cm 이상
② A의 명칭 : 현수애자

※ 현수애자 : 가공전선을 지지하기 위한 것이며, 전기적으로 절연하기 위해 사용함

③ 고압 가공전선로 주상변압기를 설치 시 높이 'H'는 시가지에서 4.5m, 시가지 외에서 4m

④ 접지 설비 : 전기기기로 인한 감전 사고를 방지하기위해 필요한 가장 중요한 설비

3) 가스 용접

① 아세틸렌가스 용기의 취급방법
  ㉠ 전도, 전락 방지 조치를 할 것
  ㉡ 충전용기와 빈 용기는 명확히 구분하여 각각 보관할 것
  ㉢ 용기의 온도는 40℃ 이하로 할 것
  ㉣ 용기는 반드시 세워서 보관할 것

② 가스 용접기에서 사용되는 색상
  ㉠ 녹색 : 산소 용기, 산소 호스(도관)의 색상
  ㉡ 청색 : 이산화탄소 용기의 색상
  ㉢ 황색 : 아세틸렌 용기의 색상
  ㉣ 적색 : 아세틸렌 호스(도관), 수소 용기의 색상

③ 가스용접 시 안전사항
  ㉠ 토치 끝으로 용접물의 위치를 바꾸면 안 됨
  ㉡ 용접 가스를 들이 마시지 않도록 함
  ㉢ 토치에 점화시킬 때 아세틸렌 밸브를 먼저 열고 그다음 산소 밸브를 염
  ㉣ 산소 누설 시험은 비눗물을 사용함

④ 아세틸렌 가스용접의 특징
  ㉠ 불꽃의 온도와 열효율이 낮음
  ㉡ 이동이 편리함
  ㉢ 유해광선이 아크용접보다 적게 발생함
  ㉣ 설비비가 저렴함

❹ 안전·보건 표지

1) 안전 · 보건표지의 종류와 형태

① 금지표지(8종) : 기본모형은 빨간색, 바탕은 흰색, 부호 및 그림은 검은색

출입금지	사용금지	금연	화기금지
보행금지	탑승금지	차량통행 금지	물체이동 금지

② 안내표지(8종) : 바탕은 녹색, 부호 및 그림은 흰색

녹십자 표지	응급구호 표지	비상용 기구	들것
세안장치	비상구	좌측 비상구	우측 비상구

③ 경고표지(15종) : 기본모형은 검은색·빨간색, 바탕은 노란색·무색, 부호 및 그림은 검은색

④ 지시표지(9종) : 바탕은 파란색, 그림은 흰색

2) 안전·보건표지에서 색채와 용도

색 채	용 도	표시 장소
빨간색	경고	화학물질 취급장소에서의 유해·위험 경고
빨간색	금지	정지신호, 소화설비 및 그 장소, 유해행위의 금지
노란색	경고	화학물질 취급장소에서의 유해·위험 경고 이외의 위험경고, 주의표지 또는 기계방호
파란색(청색)	지시	특정행위의 지시 및 사실의 고지
녹색	안내	비상구 및 피난소, 사람 또는 차량의 통행표시
백색(흰색)	–	파란색 또는 녹색에 대한 보조색
검정색	–	문자 및 빨간색 또는 노란색에 대한 보조색
보라색(자주색)		방사능 등의 표시에 사용

출제예상문제

안전관리

01 연 100만 근로시간당 몇 건의 재해가 발생했는가의 재해율 산출은?

① 천인율　　② 강도율
③ 연천인율　④ 도수율

해설
- 천인율(재해율) : 근로자수 1,000명 당 발생하는 재해자수의 비율
- 강도율 : 연 1000 근로시간당 근로손실 일수
- 연천인율 : 근로자 1000명당 연간 발생하는 재해자 수

02 안전사고와 부상의 종류 중 재해의 분류상 중상해란 어느 정도의 상해를 말하는가?

① 부상으로 인해 1일 이상 7일 이하의 노동 손실을 가져온 상해 정도
② 부상으로 인해 8일 이상의 노동 손실을 가져온 상해 정도
③ 응급처치 이하의 상처로 작업에 종사하면서 치료를 받는 상해 정도
④ 업무로 인해 목숨을 잃게 된 경우

해설
- 경상해 : 부상으로 인해 1일 이상 7일 이하의 노동 손실을 가져온 상해 정도
- 무상해 사고 : 응급처치 이하의 상처로 작업에 종사하면서 치료를 받는 상해 정도
- 사망 : 업무로 인해 목숨을 잃게 된 경우

03 다음 중 사고의 직접적인 원인으로 가장 적합한 것은?

① 불안전한 행동 및 상태
② 유전적인 요소
③ 성격 결함
④ 사회적 환경요인

04 재해발생 원인이 아닌 것은?

① 관리감독 소홀
② 올바르지 못한 작업방법
③ 작업장치 회전반경 내 출입금지
④ 방호장치의 기능제거

05 ILO(국제노동기구)의 구분에 의한 근로 불능 상해의 종류 중 응급조치상해는 얼마간 치료를 받은 다음부터 정상작업에 임할 수 있는 정도의 상해를 의미하는가?

① 1일 미만　② 3일 미만
③ 5일 미만　④ 10일 미만

06 산업재해 조사의 목적에 대한 설명으로 옳은 것은?

① 적절한 예방대책을 수립하기 위해
② 재해발생에 대한 통계를 작성하기 위해
③ 재해 유발자에 대한 처벌을 위해
④ 작업능률 향상과 근로기강 확립을 위해

07 전기화재에 해당하는 것은?

① A급 화재　② B급 화재
③ C급 화재　④ D급 화재

해설
- A급 화재 : 일반화재
- B급 화재 : 유류화재
- D급 화재 : 금속화재

정답 01 ④　02 ②　03 ①　04 ③　05 ①　06 ①　07 ③

08 전기화재 발생 시 적절하지 못한 소화 장비는?

① CO_2 소화기 ② 물
③ 분말 소화기 ④ 모래

➕ 해설

※ 화재 분류
- 일반화재(A급 화재)
- 유류화재(B급 화재)
- 전기화재(C급 화재)
- 금속화재(D급 화재)

09 운전 중인 엔진에서 화재가 발생하였하였다. 그 소화작업으로 가장 먼저 취해야 할 안전한 방법은?

① 점화원을 차단한다.
② 원인을 분석하고 모래를 뿌린다.
③ 엔진을 가소(椵燒)하여 팬의 바람을 끈다.
④ 경찰에 신고한다.

➕ 해설

※ 가소(椵燒) : 물질에 열을 가하여 휘발성 성분을 없애는 일

10 소화작업의 기본적인 요소에 대한 설명으로 틀린 것은?

① 연료를 기화시킨다.
② 점화원을 제거한다.
③ 산소를 차단한다.
④ 가연물질을 제거한다.

➕ 해설
연료를 제거시킨다.

11 소화작업에 대한 설명으로 적절하지 않은 것은?

① 가스 밸브를 잠그고 전기 스위치를 끈다.
② 배선 부근에 물을 뿌릴 경우 전기가 통하는지 여부를 확인 후에 한다.
③ 화재가 일어나면 화재 경보를 한다.
④ 키바이드 및 유류에는 물을 뿌린다.

12 소화설비를 설명한 내용 중 틀린 것은?

① 분말소화설비는 미세한 분말소화제를 화염에 방사시켜 화재를 진화시킨다.
② 포말소화설비는 저온 압축한 질소가스를 방사시켜 화재를 진화시킨다.
③ 이산화탄소 소화설비는 질식 작용에 의해 화염을 진화시킨다.
④ 물분무소화설비는 연소물의 온도를 인화점 이하로 냉각시키는 효과가 있다.

➕ 해설
포말소화설비는 거품을 덮어서 공기를 차단하여 화재를 진화시킨다.

13 수공구의 올바른 사용방법으로 틀린 것은?

① 공구를 청결하게 하여 보관할 것
② 공구를 취급 시 올바른 방법으로 사용할 것
③ 공구는 지정된 장소에 보관할 것
④ 공구는 사용 전·후로 오일을 발라 둘 것

➕ 해설
공구는 사용 전·후로 면 걸레로 깨끗이 닦아둘 것

14 스패너 사용 시 유의사항으로 틀린 것은?

① 보관 시 방청제를 바르고 건조한 곳에 보관한다.
② 파이프 등의 연장대를 끼워서 사용한다.
③ 녹이 생긴 볼트·너트에는 오일을 넣어 스며들게 한 후 돌린다.
④ 지렛대용으로 사용하지 않는다.

정답 08 ② 09 ① 10 ① 11 ④ 12 ② 13 ④ 14 ②

5. 안전관리 - 출제예상문제

15 다음 중 토크렌치의 사용방법으로 가장 올바른 것은?
① 왼손은 렌치 중간 지점을 잡고 돌리며 오른손은 지지점을 누르고 게이지 눈금을 확인한다.
② 오른손은 렌치 끝을 잡고 돌리며 왼손은 지지점을 누르고 게이지 눈금을 확인한다.
③ 렌치 끝을 한손으로 잡고 돌리면서 게이지 눈금을 확인한다.
④ 렌치 끝을 양손으로 잡고 돌리면서 게이지 눈금을 확인한다.

16 렌치작업 시 옳지 못한 행동은?
① 스패너는 조금씩 돌리며 사용할 것
② 파이프 렌치는 반드시 둥근 물체에만 사용할 것
③ 스패너는 앞으로 당기며 사용할 것
④ 스패너의 자루가 짧다고 느낄 때는 반드시 둥근 파이프로 연결할 것

해설
파이프 등과 같은 연장대를 연결하여 사용하면 안 된다.

17 렌치작업 시 주위사항이 아닌 것은?
① 높거나 좁은 위치에서는 몸의 자세를 안정되게 작업한다.
② 너트보다 큰 치수를 사용한다.
③ 렌치를 해머로 두드려서는 안 된다.
④ 렌치를 너트에 깊이 물린다.

해설
너트에 딱 맞는 치수를 사용한다.

18 오픈 엔드 렌치보다 복스 렌치를 많이 사용하는 이유로 가장 적절한 것은?
① 저렴하기 때문이다.
② 가볍기 때문이다.
③ 볼트 및 너트를 완전히 감싸므로 사용 중에 미끄러지지 않기 때문이다.
④ 다양한 크기의 볼트 및 너트에 사용할 수 있기 때문이다.

19 연삭기를 안전하게 사용하는 방법이 아닌 것은?
① 숫돌 덮개 설치 후 작업
② 숫돌 측면 사용 제한
③ 숫돌과 받침대와의 간격을 가능 한 넓게 유지
④ 보안경과 방진마스크 사용

해설
숫돌과 받침대와의 간격을 3mm 이내로 유지

20 건설기계의 안전사항으로 틀린 것은?
① 작업장의 바닥은 보행에 지장을 주지 않도록 청결하게 유지한다.
② 회전부분(기어, 벨트, 체인) 등은 위험하므로 반드시 커버를 씌운다.
③ 엔진, 발전기, 용접기 등 장비는 한 곳에 모아서 배치한다.
④ 작업장의 통로는 근로자가 안전하게 다닐 수 있도록 정리한다.

21 다음 중 기계설비의 위험성 중 접선물림점(tangential point)과 가장 관련 없는 것은?
① 체인벨트   ② 기어와 랙
③ 커플링   ④ V벨트

정답 15 ② 16 ④ 17 ② 18 ③ 19 ③ 20 ③ 21 ③

22 벨트 취급 시 안전사항에 대한 설명 중 틀린 것은?
① 벨트의 회전을 정지시킬 때 손으로 잡는다.
② 회전을 완전히 멈춘 상태에서 벨트를 교환한다.
③ 고무벨트에는 기름이 묻지 않도록 한다.
④ 적당한 벨트 장력을 유지시킨다.

> **해설**
> 벨트의 회전을 정지시킬 때 손으로 잡으면 안된다.

23 팬벨트를 교체할 때 엔진의 어떤 상태에서 작업해야 하는가?
① 정지상태   ② 저속상태
③ 중속상태   ④ 고속상태

> **해설**
> 팬벨트를 교체할 때는 엔진 정지상태에서 작업해야 한다.

24 풀리(Pulley)에 벨트를 걸 때 어떤 상태에서 걸어야 하는가?
① 저속으로 회전상태
② 회전이 정지한 상태
③ 중속으로 회전상태
④ 고속으로 회전상태

> **해설**
> 풀리(Pulley)에 벨트를 걸 때는 회전이 정지한 상태에서 걸어야 한다.

25 장갑을 착용하면 안 되는 작업은?
① 용접작업   ② 차량정비작업
③ 해머작업   ④ 청소작업

> **해설**
> 해머작업 시 장갑을 착용하면 손에서 해머가 미끄러질 우려가 있기 때문에 맨손으로 작업해야한다.

26 해머작업에 대한 설명으로 틀린 것은?
① 자루가 단단한 것을 사용한다.
② 장갑을 끼지 않는다.
③ 적절한 무게의 해머를 사용한다.
④ 처음부터 해머를 힘차게 때린다.

27 반드시 보호안경을 착용하고 작업할 때와 가장 거리가 먼 것은?
① 차체에서 변속기를 탈거할 때
② 그라인더를 사용할 때
③ 정밀한 조종 작업을 할 때
④ 산소용접을 할 때

28 방진 마스크를 착용해야 하는 작업장은?
① 분진이 많은 작업장
② 소음이 심한 작업장
③ 산소가 결핍되기 쉬운 작업장
④ 온도가 낮은 작업장

29 작업장 환경 개선과 가장 거리가 먼 것은?
① 조명을 밝게 한다.
② 소음을 줄인다.
③ 채광을 좋게 한다.
④ 부품으로 모두 신품으로 교환한다.

30 작업장의 안전 관리에 대한 설명으로 틀린 것은?
① 바닥은 폐유를 뿌려 먼지 등이 일어나지 않도록 한다.
② 작업대 사이, 또는 기계 사이의 통로는 안전을 위한 일정한 너비가 필요하다.
③ 전원 콘센트 및 스위치 등에 물을 뿌리지 않는다.
④ 항상 청결하게 유지한다.

정답 22 ① 23 ① 24 ② 25 ③ 26 ④ 27 ③ 28 ① 29 ④ 30 ①

31 사용한 공구를 정리하여 보관할 때 가장 옳은 것은?

① 기름이 묻은 공구는 물로 깨끗이 씻어서 보관한다.
② 사용한 공구는 면 걸레로 깨끗이 닦아서 지정된 곳에 보관한다.
③ 사용한 공구는 녹슬지 않게 기름칠하여 작업대 위에 진열해 놓는다.
④ 사용한 공구는 종류별로 묶어서 보관한다.

32 화물 하중을 직접 지지하는 와이어로프의 안전계수는 몇 이상인가?

① 3 이상   ② 5 이상
③ 8 이상   ④ 10 이상

⊕ 해설
- 안전계수 = 파단하중 ÷ 최대사용하중
- 권상용 와이어로프 또는 달기 체인의 안전계수는 5 이상이다.

33 일정 규모 이상의 지진이 발생한 후 크레인 작업을 하고자 할 때 사전에 크레인 각 부위를 점검해야 한다. 이때 지진의 규모는 어느 정도 이상인가?

① 진도 2 이상   ② 진도 1 이상
③ 약진 이상   ④ 중진 이상

34 크레인 작업방법 중 적절하지 못한 것은?

① 제한하중 이상의 것은 달아 올리지 않는다.
② 항상 수평방향으로 달아 올린다.
③ 경우에 따라서는 수직방향으로 달아 올린다.
④ 신호수의 신호에 따라 작업한다.

⊕ 해설
경우에 따라서는 수평방향으로 달아 올린다.

35 크레인 인양작업 시 줄 걸이 안전사항으로 틀린 것은?

① 권상 작업 시 지면에 있는 보조자는 와이어로프를 손으로 꼭 잡아 화물이 흔들리지 않게 한다.
② 신호자는 기본적으로 1인이다.
③ 2인 이상의 고리 걸이 작업 시 상호 간에 소리를 내면서 한다.
④ 신호자는 운전자가 잘 볼 수 있는 안전한 위치에서 신호를 보낸다.

36 가스배관용 폴리에틸렌관의 특징이 아닌 것은?

① 부식이 잘되지 않는다.
② 도시가스 고압관으로 사용된다.
③ 지하매설용으로 사용된다.
④ 일광, 열에 약하다.

⊕ 해설
도시가스 저압관으로 사용된다.

37 도로 굴착작업 중 매설된 전기설비의 접지선이 노출되어 일부가 손상되었을 때 조치방법으로 가장 적절한 것은?

① 손상된 접지선은 임의로 철거한다.
② 접지선 단선은 사고와 무관하므로 그대로 되메운다.
③ 접지선 단선 시에는 시설관리자에게 연락 후 그 지시를 따른다.
④ 접지선 단선 시에는 철선 등으로 연결 후 되메운다.

정답 31 ② 32 ② 33 ④ 34 ② 35 ① 36 ② 37 ③

38 도로 굴착 중 황색 도시가스 보호포가 나왔다. 이때 매설된 도시가스 배관의 압력은?

① 보호포 색상은 배관압력과 관계없이 무조건 황색이다.
② 고압
③ 중압
④ 저압

🔵 해설
- 황색 : 저압(0.1MPa 미만)
- 적색 : 중압(0.1MPa 이상 1MPa 미만) 이상
※ 지상배관은 가스압력과 관계없이 황색으로 표시한다.

39 도시가스 배관 매설 시 라인마크는 배관길이 최소 몇 m마다 1개 이상 설치되어 있는가?

① 30m   ② 50m
③ 100m   ④ 150m

40 도시가스 관련법상 가스배관과의 수평거리 몇 cm 이내에서 파일 박기를 금지하도록 규정하였는가?

① 30cm   ② 60cm
③ 100cm   ④ 120cm

🔵 해설
도시가스 관련법상 가스배관과의 수평거리 30cm 이내에서 파일 박기를 금지하도록 규정한다.

41 도로 굴착자가 가스배관 매설위치를 확인 시 인력으로 굴착을 실시해야 하는 범위는?

① 가스배관의 보호판이 식별되었을 때
② 가스배관의 주위 0.3m 이내
③ 가스배관의 주위 0.5m 이내
④ 가스배관의 주위 1m 이내

42 굴착 시 도로폭이 4m 이상 8m 미만일 경우 도시가스배관 지하매설 심도는?

① 0.4m 이상
② 0.6m 이상
③ 1m 이상
④ 1.2m 이상

🔵 해설
- 0.6m 이상 : 굴착 시 공동주택 등의 부지 내의 경우 도시가스배관 지하매설 심도
- 1.2m 이상 : 굴착 시 도로폭 8m 이상 도로의 경우 도시가스배관 지하매설 심도

43 도시가스 관련법상에서 공동주택 등외의 건축물 등에 가스를 공급하는 경우 정압기에서 가스사용자가 소유하거나 점유하고 있는 토지의 경계까지에 이르는 배관은?

① 공급관   ② 본관
③ 내관   ④ 주관

🔵 해설
- 본관 : 도시가스 제조사업소의 부지 경계에서 정압까지 이르는 배관
- 내관 : 가스사용자가 소유하고 있는 토지의 경계에서 연소기까지 이르는 배관

44 도시가스 관련법상 배관의 구분에 속하지 않는 것은?

① 본관   ② 공급관
③ 내관   ④ 가정관

🔵 해설
- 본관 : 도시가스 제조사업소의 부지 경계에서 정압까지 이르는 배관
- 공급관 : 정압기에서 가스사용자가 소유하고 토지의 경계까지(또는 건축물 외벽에 설치하는 계량기의 전단 밸브까지) 이르는 배관
- 내관 : 가스사용자가 소유하고 있는 토지의 경계에서 연소기까지 이르는 배관

정답 38 ④ 39 ② 40 ① 41 ④ 42 ③ 43 ① 44 ④

45 굴착작업 중 줄파기 작업에서 줄파기 1일 시공량 결정은?

① 공사시방서에 명시된 일정에 맞추어 결정
② 공사관리 감독기관에 보고한 날짜에 맞추어 결정
③ 시공속도가 가장 느린 천공작업에 맞추어 결정
④ 시공속도가 가장 빠른 천공작업에 맞추어 결정

🔵 해설
줄파기 1일 시공량은 시공속도가 가장 느린 천공작업에 맞추어 결정한다.

46 고압전선로 주변에서 작업할 때 전선로와 건설기계의 안전 이격 거리에 대한 설명으로 틀린 것은?

① 전압에는 관계없이 일정하다.
② 애자수가 많을수록 떨어진다.
③ 전선이 굵을수록 떨어진다.
④ 전압이 높을수록 떨어진다.

🔵 해설
• 건설기계 운전자는 현수애자의 개수로 가공전선로의 위험정도를 판단할 수 있다.
• 현수애자의 수가 2~3개는 22.9kV, 4~5개는 66kV, 9~11개는 154kV이다.
• 전압이 높을수록 애자의 사용개수가 많아진다.

47 154kV 가공 송전선로 주변에서 작업할 때에 대한 설명으로 옳은 것은?

① 사고가 발생하면 복구공사비는 전력설비가 공공 재산이므로 배상하지 않는다.
② 전력선은 피복으로 절연되어 있어 크레인 등이 접촉해도 단선되지 않으면 사고는 발생하지 않는다.
③ 1회선은 3가닥으로 이루어져 있으며, 1가닥 절단 시에도 전력공급을 계속한다.
④ 건설장비가 선로에 직접적으로 접촉하지 않고 근접만 하여도 사고가 발생할 수 있다.

48 철탑의 완금(arm)에 전선을 기계적으로 고정시키고 전기적으로 절연하기 위해 사용하는 것은?

① 케이블　② 완철
③ 애자　　④ 가공지선

49 전력케이블은 차도에서 지표면 아래 어느 정도 깊이에 매설되어 있는가?

① 0.2~0.5m　② 1.2~1.5m
③ 30cm 이상　④ 60cm 이상

🔵 해설
전력 케이블은 차도에서 지표면 아래 1.2~1.5m 깊이에 매설되어 있다.

50 다음 그림은 시가지에서 시설한 고압 전선로에서 자가용 수용가에 구내 전주를 경유하여 옥외 수전설비에 이르는 전선로 및 시설의 실체도이다. Ⓗ로 표시된 곳과 같은 지중 전선로 차도 부분의 매설 깊이는 최소 몇 m이상인가?

① 0.6m　② 0.8m
③ 1m　　④ 1.2m

정답　45 ③　46 ①　47 ④　48 ③　49 ②　50 ④

> **해설**
> 차도 및 중량물의 압력을 받는 장소의 경우 지중 전선로는 최소 1.2m 이상 깊이에 매설해야 한다.
> ※ 차도 및 중량물의 압력을 받는 장소 이외 기타 장소의 경우 지중 전선로는 최소 0.6m 이상 깊이에 매설해야 한다.

51 한국전력공사의 송전선로 전압은?

① 0.345kV
② 3.45kV
③ 34.5kV
④ 345kV

> **해설**
> 한국전력공사의 송전전로 전압은 154kV, 345kV를 사용한다.

52 한국전력공사 고객센터 및 전기고장 신고 전화번호는?

① 118
② 123
③ 1301
④ 1339

> **해설**
> 한국전력공사 고객센터 및 전기고장 신고 전화번호는 123이다.

53 산소 용기에서 산소의 누출 여부를 가장 쉽고 안전하게 점검하는 방법은?

① 비눗물 사용
② 소음으로 점검
③ 전기불꽃 사용
④ 기름 사용

54 가스장치의 누출 여부 및 부위를 정확하게 확인하는 방법은?

① 비눗물 사용
② 냄새로 감지
③ 분말 소화기 사용
④ 소리로 감지

55 아세틸렌가스 용기의 취급방법에 대한 설명으로 틀린 것은?

① 전도, 전락 방지 조치를 할 것
② 충전용기와 빈 용기는 명확히 구분하여 각각 보관할 것
③ 용기의 온도는 60℃로 유지할 것
④ 용기는 반드시 세워서 보관할 것

> **해설**
> 용기의 온도는 40℃ 이하로 할 것

56 아세틸렌 가스용접의 특징에 대한 설명으로 옳은 것은?

① 불꽃의 온도와 열효율이 낮다.
② 이동이 불가하다.
③ 유해광선이 아크용접보다 많이 발생한다.
④ 설비비가 비싸다.

> **해설**
> • 이동이 편리하다.
> • 유해광선이 아크용접보다 적게 발생한다.
> • 설비비가 저렴하다.

57 가스 용접기에서 아세틸렌 용기의 색상은?

① 황색
② 청색
③ 녹색
④ 적색

정답 51 ④ 52 ② 53 ① 54 ① 55 ③ 56 ① 57 ①

해설
- 황색 : 아세틸렌 용기의 색상
- 청색 : 이산화탄소 용기의 색상
- 녹색 : 산소 용기 또는 산소 호스(도관)의 색상
- 적색 : 아세틸렌 호스(도관) 또는 수소 용기의 색상

58 가스 용접기에서 사용되는 아세틸렌 호스(도관)를 구별하는 색상은?

① 녹색　　② 적색
③ 청색　　④ 황색

해설
- 녹색 : 산소 용기 또는 산소 호스(도관)의 색상
- 적색 : 아세틸렌 호스(도관) 또는 수소 용기의 색상
- 청색 : 이산화탄소 용기의 색상
- 황색 : 아세틸렌 용기의 색상

59 안전·보건표지에서 색채와 용도가 잘못 짝지어진 것은?

① 빨간색 – 방화표시
② 노란색 – 추락·충돌 주의표시
③ 보라색 – 안전지도 표시
④ 녹색 – 비상구 표시

해설
보라색 – 방사능 표시

60 안전·보건표지에서 색채와 용도가 틀리게 짝지어진 것은?

① 녹색-안내
② 파란색-지시
③ 빨간색-경고, 금지
④ 노란색-위험

해설
노란색-경고

61 산업안전보건에서 안전표지의 종류가 아닌 것은?

① 위험표지　　② 경고표지
③ 지시표지　　④ 금지표지

해설
- 안내표지 : 바탕은 녹색, 부호 및 그림은 흰색
- 경고표지 : 기본모형은 검은색·빨간색, 바탕은 노란색·무색, 부호 및 그림은 검은색
- 지시표지 : 바탕은 파란색, 그림은 흰색
- 금지표지 : 기본모형은 빨간색, 바탕은 흰색, 부호 및 그림은 검은색

62 안전·보건표지의 종류와 형태에서 다음 그림이 나타내는 표시는?

① 방독마스크 착용
② 방진마스크 착용
③ 안전모 착용
④ 보안면 착용

해설
산업안전보건법상 안전·보건표지의 지시표지(9종)이다. 바탕은 파란색, 그림은 흰색이다.

보안경 착용	안전모 착용	귀마개 착용	방진마스크 착용	방독마스크 착용
안전복 착용	안전화 착용	안전장갑 착용	보안면 착용	

정답　58 ②　59 ③　60 ④　61 ①　62 ②

63 안전·보건표지의 종류 및 형태에서 다음 그림과 같은 표지는?

① 사용금지
② 화기금지
③ 금연
④ 인화성물질 경고

🔎 해설

안전·보건표지의 금지표지(8종)이다. 기본모형은 빨간색, 바탕은 흰색, 부호 및 그림은 검은색이다.

출입금지	사용금지	금연	화기금지
보행금지	탑승금지	차량통행 금지	물체이동 금지

정답 63 ②

PART 3
실전모의고사

CBT 실전모의고사 1회

기중기운전기능사

1 4행정 기관의 윤활방식 중 피스톤 핀과 피스톤까지 윤활유를 압송하여 윤활하는 방식은?

① 전 비산식
② 전 진공식
③ 비산 압송식
④ 전 압송식

⊕ 해설
- 전 비산식 : 크랭크축의 디퍼로 오일을 실린더 벽으로 뿌려서 윤활 하는 방식
- 비산 압송식 : 비산 압력식과 같은 말이며, 압송식과 비산식을 조합한 방식으로서 자동차용 엔진에서 가장 많이 사용
※ 엔진오일의 공급방식 : 비산식, 압송식, 비산압송식

2 디젤엔진에서 터보차저의 기능은?

① 엔진 회전수를 제어하는 장치
② 흡입공기를 압축하여 실린더 내로 공급하는 장치
③ 냉각수 유량을 제어하는 장치
④ 엔진오일 온도를 제어하는 장치

3 엔진 냉각장치에서 라디에이터의 구비조건이 아닌 것은?

① 공기의 흐름 저항이 클 것
② 가볍고 작으며 강도가 클 것
③ 냉각수의 흐름 저항이 작을 것
④ 단위 면적당 방열량이 클 것

⊕ 해설
공기의 흐름 저항이 작을 것

4 엔진오일 소비량이 많아지는 원인은?

① 배기밸브 간극이 너무 작다.
② 오일압력이 너무 낮다.
③ 피스톤과 실린더 간의 간극이 너무 크다.
④ 오일펌프의 기어 과대 마모

⊕ 해설
피스톤 간극 : 피스톤과 실린더 간의 간극

5 분사노즐의 종류가 아닌 것은?

① 스로틀형   ② 핀틀형
③ 싱글포인트형   ④ 홀형

⊕ 해설
분사노즐의 종류 : 스로틀형, 핀틀형, 홀형

6 커먼레일 디젤엔진의 연료계통에서 출력요소에 해당하는 것은?

① 브레이크 스위치
② 인젝터
③ 공기유량센서
④ 엔진 ECU

⊕ 해설
인젝터는 커먼레일 디젤엔진의 연료계통에서 출력요소에 해당된다.

7 건설기계 정비 시 엔진 시동을 건 후 정상적인 운전이 가능한지 확인하기 위해 운전자가 가장 먼저 점검해야 할 것은?

① 냉각수 온도 게이지
② 속도계
③ 엔진오일량
④ 오일 압력 게이지

1 ④   2 ②   3 ①   4 ③   5 ③   6 ②   7 ④

8 배터리 취급 시 유의사항에 대한 설명으로 옳은 것은?

① 배터리의 방전이 지속될수록 전압과 전해액 비중 모두 낮아진다.
② 배터리를 보관 시 가능한 방전시키는 것이 좋다.
③ 배터리 2개를 직렬 연결할 경우 (+)와 (+)끼리, (-)와 (-)끼리 연결한다.
④ 배터리 용량을 크게 하기 위해서는 다른 배터리와 서로 직렬 연결한다.

⊕ 해설
- 배터리를 보관 시 방전시키지 않는 것이 좋다.
- 배터리 2개를 병렬 연결할 경우 (+)와 (+)끼리, (-)와 (-)끼리 연결한다.
- 배터리 용량을 크게 하기 위해서는 다른 배터리와 서로 병렬 연결한다.

9 시동전동기의 토크가 발생하는 부분은 무엇인가?

① 스위치
② 계자코일
③ 조속기
④ 발전기

⊕ 해설
계자코일과 전기자 코일에서 형성되는 전자력에 의해 시동전동기의 토크가 발생한다.

10 배터리의 자기방전 원인이 아닌 것은?

① 음극판의 작용물질이 황산과 화학 반응하여 황산납이 되므로
② 전해액 양이 많아짐에 따라 용량이 커지므로
③ 전해액에 포함된 불순물이 국부전지를 형성하므로
④ 탈락한 극판 작용물질이 배터리 내부에 퇴적되므로

⊕ 해설
배터리 용량은 극판 수, 넓이, 두께, 전해액 양에 비례하므로 보기②의 내용은 맞으나 이것이 배터리 자기방전의 원인은 아니다.

11 12V 80A 배터리 2개를 병렬로 연결하면 전압과 전류는 어떻게 되는가?

① 12V 80A
② 12V 160A
③ 24V 160A
④ 24V 80A

⊕ 해설
배터리를 병렬연결하면 전압은 동일하고 용량은 증가한다. 또한, 직렬연결하면 용량은 동일하고 전압은 증가한다. 이때 '증가' 라는 것은 배터리 개수에 비례한다. 예를 들어, 동일한 배터리 2개를 직렬연결하면 용량은 동일하고 전압은 2배 증가한다.

12 교류발전기의 특징이 아닌 것은?

① 소형, 경량이며 속도변화에 따른 적용 범위가 넓다.
② 저속에서도 충전이 가능하다.
③ 정류자를 사용한다.
④ 다이오드를 사용하기 때문에 정류 특성이 좋다.

⊕ 해설
교류발전기는 슬립링, 브러시, 로터, 스테이터, 정류 다이오드 등으로 구성되어있다.

13 납산 배터리의 용량은 어떻게 결정되는가?

① 극판의 수, 발전기의 충전 능력에 따라 결정된다.
② 극판의 수, 셀의 수, 발전기의 충전 능력에 따라 결정된다.
③ 극판의 수, 극판의 크기, 황산의 양에 따라 결정된다.
④ 극판의 수, 극판의 크기, 셀의 수에 따라 결정된다.

8 ①   9 ②   10 ②   11 ②   12 ③   13 ③

14 조향핸들의 유격이 커지는 원인이 아닌 것은?
① 조향기어 및 링키지 조정 불량
② 피트먼 암의 헐거움
③ 앞차륜 베어링 과다 마모
④ 타이어 공기압 과다

> **해설**
> 타이어 공기압은 조향핸들의 조작력과 관련이 있으며, 타이어 공기압이 작아질수록 조향핸들의 조작력이 커진다.

15 수동식 변속기가 장착된 건설기계에서 클러치 페달에 유격을 두는 이유는?
① 클러치의 미끄럼을 방지하기 위해
② 제동 성능을 향상시키기 위해
③ 클러치 용량을 증가시키기 위해
④ 엔진 출력을 증가시키기 위해

16 토크컨버터의 구성부품이 아닌 것은?
① 터빈   ② 펌프
③ 플라이휠   ④ 스테이터

> **해설**
> 플라이휠 : 엔진의 구성부품

17 타이어에서 트레드 패턴과 관련 없는 것은?
① 편평율
② 타이어의 배수 효과
③ 제동력
④ 구동력, 견인력

18 도시가스 관련법상 가스배관과의 수평거리 몇 cm 이내에서 파일 박기를 금지하도록 규정하였는가?
① 10cm   ② 20cm
③ 30cm   ④ 60cm

19 소화작업에 대한 설명으로 적절하지 않은 것은?
① 가스 밸브를 잠그고 전기 스위치를 끈다.
② 배선 부근에 물을 뿌릴 경우 전기가 통하는지 여부를 확인 후에 한다.
③ 화재가 일어나면 화재 경보를 한다.
④ 키바이드 및 유류에는 물을 뿌린다.

20 안전·보건표지에서 색채와 용도가 잘못 짝지어진 것은?
① 빨간색 – 방화표시
② 노란색 – 추락·충돌 주의표시
③ 보라색 – 안전지도 표시
④ 녹색 – 비상구 표시

> **해설**
> 보라색 – 방사능 표시

21 ILO(국제노동기구)의 구분에 의한 근로 불능 상해의 종류 중 응급조치상해는 얼마간 치료를 받은 다음부터 정상작업에 임할 수 있는 정도의 상해를 의미하는가?
① 1일 미만
② 3일 미만
③ 5일 미만
④ 10일 미만

22 일정 규모 이상의 지진이 발생한 후 크레인 작업을 하고자 할 때 사전에 크레인 각 부위를 점검해야한다. 이때 지진의 규모는 어느 정도 이상인가?
① 진도 2 이상
② 진도 1 이상
③ 약진 이상
④ 중진 이상

14 ④　15 ①　16 ③　17 ①　18 ③　19 ④　20 ③　21 ①　22 ④

23 건설기계의 안전사항으로 틀린 것은?
① 작업장의 바닥은 보행에 지장을 주지 않도록 청결하게 유지한다.
② 회전부분(기어, 벨트, 체인) 등은 위험하므로 반드시 커버를 씌운다.
③ 엔진, 발전기, 용접기 등 장비는 한 곳에 모아서 배치한다.
④ 작업장의 통로는 근로자가 안전하게 다닐 수 있도록 정리한다.

24 작업장에서 화물 운반 시 빈차, 짐차, 사람이 있다. 이때 통행의 우선순위는?(1순위-2순위-3순위 순으로 나열할 것)
① 사람 - 빈차 - 짐차
② 짐차 - 빈차 - 사람
③ 사람 - 짐차 - 빈차
④ 빈차 - 짐차 - 사람

25 방진마스크를 착용해야 하는 작업장은?
① 분진이 많은 작업장
② 소음이 심한 작업장
③ 산소가 결핍되기 쉬운 작업장
④ 온도가 낮은 작업장

26 가스 용접기에서 사용되는 아세틸렌 호스(도관)를 구별하는 색상은?
① 녹색　　② 적색
③ 청색　　④ 황색

➕해설
- 녹색 : 산소 용기 또는 산소 호스(도관)의 색상
- 적색 : 아세틸렌 호스(도관) 또는 수소 용기의 색상
- 청색 : 이산화탄소 용기의 색상
- 황색 : 아세틸렌 용기의 색상

27 도시가스 배관 매설 시 라인마크는 배관길이 최소 몇 m마다 1개 이상 설치되어 있는가?
① 30m
② 50m
③ 100m
④ 150m

28 전기화재에 해당하는 것은?
① A급 화재
② B급 화재
③ C급 화재
④ D급 화재

➕해설
- A급 화재 : 일반화재
- B급 화재 : 유류화재
- D급 화재 : 금속화재

29 폭 4m 이상, 8m 미만인 도로에 일반 도시가스 배관을 매설할 때 지면과 도시가스 배관 상부와의 최소 이격 거리는 몇 m 이상인가?
① 0.6m
② 1.0m
③ 1.2m
④ 1.5m

➕해설
- 공동주택 등의 부지 내 일반 도시가스 배관을 매설할 때 지면과 도시가스 배관 상부와의 최소 이격 거리는 0.6m 이상이다.
- 도로폭 8m 이상 도로에 일반 도시가스 배관을 매설할 때 지면과 도시가스 배관 상부와의 최소 이격 거리는 1.2m 이상이다.

23 ③　24 ②　25 ①　26 ②　27 ②　28 ③　29 ②

30 재해발생 원인이 아닌 것은?
① 관리감독 소홀
② 올바르지 못한 작업방법
③ 작업장치 회전반경 내 출입금지
④ 방호장치의 기능제거

31 안전·보건표지의 종류와 형태에서 다음 그림이 나타내는 표시는?

① 방독마스크 착용
② 방진마스크 착용
③ 안전모 착용
④ 보안면 착용

➕ 해설
산업안전보건법상 안전·보건표지의 지시표지(9종)이다. 바탕은 파란색, 그림은 흰색이다.

32 시·도지사의 직권이나 소유자의 신청으로 건설기계의 등록을 말소할 수 있는 사유가 아닌 것은?
① 건설기계 정기검사에 불합격된 경우
② 건설기계를 도난당한 경우
③ 건설기계의 차대가 등록 시의 차대와 상이한 경우
④ 건설기계를 수출하는 경우

➕ 해설
등록말소 사유
• 건설기계를 도난당한 경우
• 건설기계의 차대가 등록 시의 차대와 상이한 경우
• 건설기계를 수출하는 경우
• 정기검사 유효기간이 만료된 날로부터 3개월 이내에 시·도지사의 최고를 지정 받고 지정된 기한까지 정기검사를 받지 않은 경우
• 건설기계를 폐기한 경우
• 연구·목적으로 사용하는 경우
• 부당한 방법으로 등록한 경우
• 천재지변 등 이에 준하는 사고로 사용할 수 없게 되거나 멸실된 경우
• 건설기계안전기준에 적합하지 않는 경우
• 구조적 결함으로 건설기계를 판매·제작자에게 반품한 경우

33 건설기계의 소유자가 건설기계를 등록하고자 할 때 등록신청은 누구에게 해야 하는가?
① 시·도지사
② 전문 건설기계 정비업자
③ 국토교통부장관
④ 검사대행자

➕ 해설
건설기계 등록신청은 건설기계 소유자의 주소지 또는 건설기계 사용 본거지의 관할 시·도지사에게 한다.

30 ③   31 ②   32 ①   33 ①

34 다음 신호 중에서 가장 우선적인 신호는?

① 안전표시 지시
② 신호등 신호
③ 신호기 신호
④ 경찰관 수신호

💠 해설

경찰관 수신호 : 가장 우선적인 신호

35 음주운전 측정 및 처벌기준에서 술에 취한 상태의 기준 혈중알코올농도는 몇 % 이상인가?

① 0.03%
② 0.05%
③ 0.08%
④ 0.10%

💠 해설

- 술에 취한 상태의 기준 혈중알코올농도 : 0.03% 이상
- 면허정지 : 0.03% 이상 0.08% 미만
- 면허취소 : 0.08% 이상(만취상태)

36 통행의 우선순위가 바르게 나열된 것은?

① 승합자동차 → 원동기장치 자전거 → 긴급자동차
② 건설기계 → 원동기장치 자전거 → 승용자동차
③ 긴급자동차 → 원동기장치 자전거 → 승용자동차
④ 긴급자동차 → 일반자동차 → 원동기장치 자전거

💠 해설

긴급자동차 외 일반자동차 간의 통행 우선순위는 최고속도의 순서에 따른다.

37 도로교통법에 위반되는 경우는?

① 노면이 얼어붙은 경우 최고속도의 50/100을 줄인 속도로 운행하였다.
② 눈이 20mm 이상으로 쌓인 경우 최고속도의 20/100을 줄인 속도로 운행하였다.
③ 눈이 20mm 미만으로 쌓인 경우 최고속도의 20/100을 줄인 속도로 운행하였다.
④ 안개로 인해 가시거리가 100m 이내인 경우 최고속도의 50/100을 줄인 속도로 운행하였다.

💠 해설

눈이 20mm 이상 쌓인 경우 최고속도의 50/100을 줄인 속도로 운행해야 한다.

38 신규 등록일로부터 5년 경과된 타이어식 기중기의 정기검사 유효기간은?

① 6개월   ② 1년
③ 2년   ④ 3년

💠 해설

정기검사 유효기간
- 굴착기(타이어식) : 1년
- 덤프트럭 : 1년
- 기중기(타이어식, 트럭적재식) : 1년
- 천공기(트럭 적재식) : 2년
- 지게차(1톤 이상) : 2년
- 로더(타이어식) : 2년

39 유압 컨트롤 밸브 내에서 스풀 형식의 밸브가 사용되는 목적은?

① 펌프의 회전방향을 바꾸기 위해
② 회로 내의 압력을 상승시키기 위해
③ 오일의 흐름 방향을 바꾸기 위해
④ 축압기의 압력을 바꾸기 위해

💠 해설

스풀 밸브 : 축 방향으로 이동하여 오일의 흐름을 변환하는 밸브

34 ④   35 ①   36 ④   37 ②   38 ②   39 ③

40 유압장치에서 오일탱크의 구비조건으로 틀린 것은?

① 유면은 적정위치 'F'에 가깝게 유지해야 한다.
② 발생한 열을 발산할 수 있어야 한다.
③ 공기 및 이물질을 오일로부터 분리할 수 있어야 한다.
④ 탱크의 크기는 정지할 때 되돌아오는 오일량의 용량과 동일하게 한다.

41 유압모터의 종류에 해당하지 않는 것은?

① 베인형   ② 기어형
③ 터빈형   ④ 플런저형

42 회전수가 일정할 때 펌프의 토출량이 바뀔 수 있는 것은?

① 가변 용량형 피스톤 펌프
② 프로펠러 펌프
③ 정용량형 베인펌프
④ 기어펌프

🔍 해설
• 가변 용량형 피스톤 펌프는 회전수가 일정할 때 펌프의 토출량이 바뀔 수 있다.

43 오일 씰(Seal)의 종류 중에서 O-링의 구비조건으로 옳은 것은?

① 작동 시 마모가 클 것
② 오일의 입·출입이 가능할 것
③ 죄는힘(체결력)이 작을 것
④ 압축변형이 작을 것

🔍 해설
• 작동 시 마모가 작을 것
• 오일의 입·출입이 없을 것
• 죄는힘(체결력)이 클 것

44 다음 [보기]에서 유압 작동유가 갖추어야 할 조건을 모두 나열한 것은?

> a. 압력에 대해 비압축성 일 것
> b. 밀도가 작을 것
> c. 열팽창계수가 작을 것
> d. 체적탄성계수가 작을 것
> e. 점도지수가 낮을 것
> f. 발화점이 높을 것

① a, b, c, d
② a, b, c, f
③ b, c, e, f
④ b, d, e, f

🔍 해설
• d. 체적탄성계수가 클 것
• e. 점도지수가 높을 것

45 액추에이터의 운동 속도를 제어하기 위해 사용하는 밸브는?

① 방향제어 밸브
② 유량제어 밸브
③ 압력제어 밸브
④ 온도제어 밸브

🔍 해설
• 방향제어 밸브 : 일의 방향 제어
• 유량제어 밸브 : 일의 속도 제어
• 압력제어 밸브 : 일의 크기 제어

46 일반적으로 유압장치에서 릴리프밸브가 설치되는 위치는?

① 펌프와 제어밸브 사이
② 필터와 실린더 사이
③ 필터와 오일탱크 사이
④ 펌프와 오일탱크 사이

🔍 해설
• 릴리프밸브 : 유압회로 내 압력을 일정하게 유지하고 최고압력을 제한하여 회로를 보호해주는 밸브

40 ④ 41 ③ 42 ① 43 ④ 44 ② 45 ② 46 ①

47 다음 중 기중기에 대한 설명으로 틀린 것을 모두 고른 것은?

> ㄱ. 붐 각과 기중능력은 서로 반비례한다.
> ㄴ. 붐 길이와 작업 반경은 서로 반비례한다.
> ㄷ. 상부회전체의 최대 회전각은 270°이다.

① ㄱ, ㄴ   ② ㄱ, ㄷ
③ ㄴ, ㄷ   ④ ㄱ, ㄴ, ㄷ

해설
- 붐 각과 기중능력은 서로 비례한다.
- 붐 길이와 작업 반경은 서로 비례한다.
- 상부회전체의 최대 회전각은 360°이다.

48 기중기 작업 시 후방전도의 위험 상황이 아닌 것은?

① 붐의 기복각도가 큰 상태에서 기중기를 앞으로 이동할 경우
② 급경사로를 내려올 경우
③ 붐의 기복각도가 큰 상태에서 급가속으로 양중할 경우
④ 양중물을 급작스럽게 해제하여 반력이 붐의 후방으로 발생할 경우

해설
기중기 작업 시 급경사로를 내려올 경우 전방전도 우려가 크다.

49 와이어로프의 종류 중 안전율이 5.0인 것은?

① 권상용 와이어로프
② 지지 로프
③ 보조 로프
④ 붐 신축용 로프

해설
- 안전율 5.0 와이어로프 : 권상용 와이어로프, 지브의 기복용 와이어로프, 호스트 로프
- 안전율 4.0 와이어로프 : 지지 로프, 보조 로프, 붐 신축용 로프, 지브의 지지용 와이어로프, 고정용 와이어로프

50 작업 반경에 대한 설명으로 옳은 것은?

① 훅의 중심을 지나는 수직선과 선회장치의 회전중심을 지나는 수직선 사이의 이동거리를 말한다.
② 선회장치의 회전중심을 지나는 수직선과 훅의 중심을 지나는 수직선 사이의 최단거리를 말한다.
③ 훅의 중심을 지나는 수직선과 선회장치의 회전중심을 지나는 수직선 사이의 평균거리를 말한다.
④ 훅의 중심을 지나는 수직선과 선회장치의 회전중심을 지나는 수직선 사이의 최장거리를 말한다.

해설
- 작업 반경 : 훅의 중심을 지나는 수직선과 선회장치의 회전중심을 지나는 수직선 사이의 최단거리

51 기중기에서 일반적으로 사용되고 있는 드럼 클러치의 형식은?

① 내부 수축식
② 내부 확장식
③ 외부 수축식
④ 외부 확장식

해설
- 내부 확장식 : 일반적으로 사용되고 있는 드럼 클러치의 형식

52 다음 중 체인의 점검에 대한 설명으로 옳은 것은?

① 변형이 뚜렷해도 사용해도 된다.
② 균열이 있는 것은 사용해도 된다.
③ 링의 마모가 신품상태일 때 지름의 4%를 초과하면 사용해서는 안 된다.
④ 전장이 신품상태일 때 길이의 5%를 초과하면 사용해서는 안 된다.

47 ④ 48 ② 49 ① 50 ② 51 ② 52 ④

⊕ **해설**

체인의 점검
- 변형이 뚜렷한 것은 사용하면 안 된다.
- 균열이 있는 것은 사용하면 안 된다.
- 링의 마모가 신품상태일 때 지름의 10%를 초과하면 사용해서는 안 된다.

53 기중기의 붐에 설치된 와이어로프 중 작업 시 하중이 직접적으로 작용하지 않는 것은?

① 익스펜더 케이블
② 호이스트 케이블
③ 붐 호이스트 케이블
④ 붐 백스톱 케이블

⊕ **해설**

- 붐 백스톱 케이블 : 작업 시 하중이 직접적으로 작용하지 않는 와이어로프

54 기중기의 작업장치 중에서 장비가 있는 장소보다 높은 곳을 굴착할 때 적합한 것은?

① 셔블
② 파일 드라이버
③ 훅
④ 드래그 라인

⊕ **해설**

- 셔블 : 장비가 있는 장소보다 높은 곳을 굴착 작업에 사용된다.
- 파일 드라이버 : 주로 항타 및 항발 작업에 사용된다.
- 훅 : 갈고리 모양으로 로프 등을 걸어서 중량물을 달아 올리는데 사용된다.
- 드래그 라인 : 수중 굴착작업 등과 같이 기계의 설치 지반보다 낮은 곳을 파는 작업에 사용된다.

55 기중기 인양작업 시 줄 걸이 안전사항으로 틀린 것은?

① 원칙적으로 신호자는 1명이다.
② 권상작업 시 지면에 있는 보조자는 와이어로프를 손으로 꼭 잡아 화물이 흔들리지 않도록 한다.
③ 신호자는 조종사가 잘 볼 수 있는 안전한 위치에서 신호를 보낸다.
④ 2인 이상의 고리걸이 작업을 할 때에는 상호 간에 소리를 내면서 작업한다.

56 기중기 작업 전에 점검해야 하는 안전장치가 아닌 것은?

① 훅 과권장치
② 과부하 방지장치
③ 어큐뮬레이터
④ 붐 과권장치

⊕ **해설**

기중기 작업 전 점검해야 하는 안전장치 : 훅 과권장치, 과부하 방지장치, 붐 과권장치

57 기중기의 와이어로프 끝을 고정시키는 방식은?

① 소켓장치 ② 체인장치
③ 스프로켓 ④ 조임장치

⊕ **해설**

소켓장치 : 와이어로프 끝을 고정시키는 방식

58 권상용 드럼에 플리트(Fleet) 각도를 두는 목적은 무엇인가?

① 와이어로프 부식 방지
② 와이어로프가 엇갈려 겹쳐서 감기는 것을 방지
③ 드럼의 균열 방지
④ 드럼의 역회전 방지

53 ④ 54 ① 55 ② 56 ③ 57 ① 58 ②

⊕ 해설

권상용 드럼에 플리트(Fleet) 각도는 와이어로프가 엇갈려 겹쳐서 감기는 것을 방지한다.

59 다음 중 기중기의 후방 안정도를 높이기 위한 조건이 아닌 것은?

① 아웃트리거가 없는 상태이어야 한다.
② 최소 작업 반경 이어야 한다.
③ 지면이 평탄하고 단단해야 한다.
④ 달아올림기구에 하중이 가해진 상태이어야 한다.

⊕ 해설

기중기의 후방 안정도를 높이려면 달아올림기구에 하중이 가해지지 않은 상태이어야 한다.

60 기중기에 아웃트리거를 설치할 때 가장 마지막에 해야 하는 작업은?

① 기중기가 수평이 되도록 정렬시킨다.
② 모든 아웃트리거의 실린더를 확장시킨다.
③ 모든 아웃트리거의 빔을 원하는 폭이 되도록 연장시킨다.
④ 아웃트리거의 고정 핀을 빼낸다.

⊕ 해설

기중기에 아웃트리거를 설치할 때 가장 마지막에 기중기가 수평이 되도록 정렬시킨다.

59 ④ 60 ①

CBT 실전모의고사 2회

기중기운전기능사

1 디젤엔진의 압축행정 시, 흡·배기밸브의 상태는?

① 흡기밸브만 열려있다.
② 흡·배기밸브가 모두 닫혀있다.
③ 배기밸브만 열려있다.
④ 흡기·배기밸브가 모두 열려있다.

해설
- 흡기밸브만 열려있다. : 흡입행정
- 배기밸브만 열려있다. : 배기행정
- 흡기·배기밸브가 모두 열려있다. : 밸브 오버랩(overlap)

2 혼합비가 희박할 때 엔진에 미치는 영향은?

① 연소속도가 빨라짐
② 엔진출력 저하
③ 시동성이 좋아짐
④ 저속 및 공회전

해설
일반적으로 희박하면 엔진출력 저하, 농후하면 배출가스 증가로 해서 문제가 많이 나온다. 몇 가지의 명확한 사항을 제외하고는 희박·농후에 따라 좋다, 안좋다로 나누기가 애매하지만 시험을 위함이니 일반적인 사항을 암기하도록 한다.

3 엔진오일의 양을 점검할 때 게이지에 표시된 하한선(Low)과 상한선(Full)과 관련된 설명으로 옳은 것은?

① Low선보다 아래에 있으면 좋다.
② Full선보다 위에 있으면 좋다.
③ Low선과 Full선 사이에서 Low선에 가까이 있으면 좋다.
④ Low선과 Full선 사이에서 Full선에 가까이 있으면 좋다.

4 디젤엔진의 실린더 압축압력 측정방법으로 틀린 것은?

① 배터리의 충전상태를 점검한다.
② 엔진을 정상온도로 웜업 시킨다.
③ 분사노즐은 모두 제거한다.
④ 습식시험을 먼저하고 건식시험을 나중에 한다.

해설
건식시험을 먼저하고, 습식시험을 나중에 한다.
※ 건식시험에서 측정한 압축압력이 규정압력의 70% 미만이면 습식시험을 한다.

5 디젤엔진에서 흡입행정 시 흡입되는 것은?

① 혼합기   ② 엔진오일
③ 공기   ④ 연료

해설
디젤엔진은 압축착화기관으로서 공기만 흡입한 후 압축행정을 거치면서 압축열로 인해 온도가 높아진 공기에 연료를 분사하여 착화시킨다.

6 점화스위치를 ST로 했을 때 시동전동기의 솔레노이드 스위치는 작동되나 시동전동기는 작동되지 않은 원인과 관계없는 것은?

① 배터리 방전
② 엔진 크랭크축, 피스톤 고착
③ 점화스위치 불량
④ 시동전동기 브러시 손상

해설
점화스위치가 불량이면 시동전동기의 솔레노이드 스위치도 작동되지 않는다.

1 ② 2 ② 3 ④ 4 ④ 5 ③ 6 ③

7 건설기계장비에서 배터리 케이블을 탈거하고자 한다. 다음 중 올바른 것은?

① (+) 케이블을 먼저 탈거한다.
② 접지되어 있는 케이블을 먼저 탈거한다.
③ 절연되어 있는 케이블을 먼저 탈거한다.
④ 아무 케이블이나 먼저 탈거한다.

해설
배터리 케이블 탈거 시 (−) 케이블을 먼저 탈거한다.

8 전기가 이동하지 않고 물질에 정지하고 있는 전기를 무엇이라고 하는가?

① 정전기   ② 동전기
③ 교류전기   ④ 직류전기

9 배터리에 대한 설명으로 옳은 것은?

① 전해액이 감소한 경우 증류수를 보충하면 된다.
② 배터리 보관 시 되도록 방전 시키는 것이 좋다.
③ 배터리 방전에 지속되면 전압은 낮아지고 전해액 비중은 높아진다.
④ 배터리 용량을 크게 하려면 별도의 배터리를 직렬로 연결한다.

해설
• 배터리 방전에 지속되면 전압은 낮아지고 전해액 비중은 낮아진다.
• 배터리 용량을 크게 하려면 별도의 배터리를 병렬로 연결한다.
※ 온도와 압력이 일정할 때 배터리 비중, 용량, 단자전압은 비례관계이다.

10 시동전동기의 토크가 약하거나 회전이 안 되는 원인이 아닌 것은?

① 배터리 전압이 낮음
② 브러시가 정류자에 잘 밀착되어 있음
③ 터미널과 배터리 단자의 접촉 불량
④ 시동스위치 접촉 불량

11 세미 실드빔 형식의 전조등이 장착된 건설기계에서 전조등이 점등되지 않는다. 이때 가장 적절한 조치 방법은?

① 전조등을 교환한다.
② 전구를 교환한다.
③ 렌즈를 교환한다.
④ 반사경을 교환한다.

해설
전구가 끊어지거나 고장 시 조치방법
• 실드빔 형식 : 전조등 조립체 전체 교환
• 세미 실드빔 형식 : 전구만 따로 교환

12 타이어식 건설기계에서 조향 바퀴의 토인(Toe in)을 조정하는 곳은?

① 타이로드
② 조향핸들
③ 드래그링크
④ 웜 기어

해설
• 토인 : 바퀴를 위에서 아래로 보았을 때 앞쪽이 뒤쪽보다 좁은 상태
• 토아웃 : 앞바퀴를 위에서 아래로 보았을 때 뒤쪽이 앞쪽보다 좁은 상태

13 클러치 라이닝의 구비조건이 아닌 것은?

① 내식성이 클 것
② 온도에 의한 변화가 적을 것
③ 적당한 마찰계수를 갖출 것
④ 내마멸성 및 내열성이 적을 것

해설
내마멸성 및 내열성이 클 것

7 ② 8 ① 9 ① 10 ② 11 ② 12 ① 13 ④

14 벨트 취급 시 안전사항에 대한 설명 중 틀린 것은?
① 벨트의 회전을 정지시킬 때 손으로 잡는다.
② 회전을 완전히 멈춘 상태에서 벨트를 교환한다.
③ 고무벨트에는 기름이 묻지 않도록 한다.
④ 적당한 벨트 장력을 유지시킨다.

15 팬벨트를 교체할 때 엔진의 어떤 상태에서 작업해야 하는가?
① 정지상태 ② 저속상태
③ 중속상태 ④ 고속상태

⊕ 해설
팬벨트를 교체할 때 엔진정지 상태에서 작업해야 한다.

16 작업장 환경 개선과 가장 거리가 먼 것은?
① 조명을 밝게 한다.
② 소음을 줄인다.
③ 채광을 좋게 한다.
④ 부품으로 모두 신품으로 교환한다.

17 화물 하중을 직접 지지하는 와이어로프의 안전계수는 몇 이상인가?
① 3 이상   ② 5 이상
③ 8 이상   ④ 10 이상

⊕ 해설
• 안전계수 = 파단하중 ÷ 최대사용하중
• 권상용 와이어로프 또는 달기 체인의 안전계수는 5 이상이다.

18 가스 용접기에서 아세틸렌 용기의 색상은?
① 황색   ② 청색
③ 녹색   ④ 적색

⊕ 해설
• 황색 : 아세틸렌 용기의 색상
• 청색 : 이산화탄소 용기의 색상
• 녹색 : 산소 용기 또는 산소 호스(도관)의 색상
• 적색 : 아세틸렌 호스(도관) 또는 수소 용기의 색상

19 도시가스 관련법상 가스배관과의 수평거리 몇 cm 이내에서 파일 박기를 금지하도록 규정하였는가?
① 30cm   ② 60cm
③ 100cm ④ 120cm

⊕ 해설
도시가스 관련법상 가스배관과의 수평거리 30cm 이내에서 파일 박기를 금지하도록 규정한다.

20 장갑을 착용하면 안 되는 작업은?
① 용접작업
② 차량정비작업
③ 해머작업
④ 청소작업

⊕ 해설
해머작업 시 장갑을 착용하면 손에서 해머가 미끄러질 우려가 있기 때문에 맨손으로 작업해야한다.

21 철탑의 완금(arm)에 전선을 기계적으로 고정시키고 전기적으로 절연하기 위해 사용하는 것은?
① 케이블
② 완철
③ 애자
④ 가공지선

📎 14 ① 15 ① 16 ④ 17 ② 18 ① 19 ① 20 ③ 21 ③

22 크레인 작업방법 중 적절하지 못한 것은?
① 제한하중 이상의 것은 달아 올리지 않는다.
② 항상 수평방향으로 달아 올린다.
③ 경우에 따라서는 수직방향으로 달아 올린다.
④ 신호수의 신호에 따라 작업한다.

➕ 해설
경우에 따라서는 수평방향으로 달아 올린다.

23 고압전선로 주변에서 작업할 때 전선로와 건설기계의 안전 이격 거리에 대한 설명으로 틀린 것은?
① 전압에는 관계없이 일정하다.
② 애자수가 많을수록 떨어진다.
③ 전선이 굵을수록 떨어진다.
④ 전압이 높을수록 떨어진다.

➕ 해설
• 건설기계 운전자는 현수애자의 개수로 가공전선로의 위험정도를 판단할 수 있다.
• 현수애자의 수가 2~3개는 22.9kV, 4~5개는 66kV, 9~11개는 154kV이다.
• 전압이 높을수록 애자의 사용개수가 많아진다.

24 굴착작업 중 줄파기 작업에서 줄파기 1일 시공량 결정은?
① 공사시방서에 명시된 일정에 맞추어 결정
② 공사관리 감독기관에 보고한 날짜에 맞추어 결정
③ 시공속도가 가장 느린 천공작업에 맞추어 결정
④ 시공속도가 가장 빠른 천공작업에 맞추어 결정

➕ 해설
줄파기 1일 시공량은 시공속도가 가장 느린 천공작업에 맞추어 결정한다.

25 안전·보건표지의 종류 및 형태에서 다음 그림과 같은 표지는?

① 사용금지
② 화기금지
③ 금연
④ 인화성물질 경고

➕ 해설
안전·보건표지의 금지표지(8종)이다. 기본모형은 빨간색, 바탕은 흰색, 부호 및 그림은 검은색이다.

26 안전·보건표지에서 색채와 용도가 틀리게 짝지어진 것은?
① 녹색 – 안내
② 파란색 – 지시
③ 빨간색 – 경고, 금지
④ 노란색 – 위험

➕ 해설
노란색 – 경고

22 ② 23 ① 24 ③ 25 ② 26 ④

27 다음 그림은 시가지에서 시설한 고압 전선로에서 자가용 수용가에 구내 전주를 경유하여 옥외 수전설비에 이르는 전선로 및 시설의 실체도이다. ㉫로 표시된 곳과 같은 지중 전선로 차도 부분의 매설 깊이는 최소 몇 m이상인가?

① 0.6m　　② 0.8m
③ 1m　　　④ 1.2m

● 해설
차도 및 중량물의 압력을 받는 장소의 경우 지중 전선로는 최소 1.2m 이상 깊이에 매설되어야 한다.
※ 차도 및 중량물의 압력을 받는 장소 이외 기타 장소의 경우 지중 전선로는 최소 0.6m 이상 깊이에 매설해야 한다.

28 건설기계조종사면허를 받지 않고 건설기계를 조종한 자에 대한 벌칙은 무엇인가?

① 100만 원 이하의 벌금
② 1년 이하의 징역 또는 1천만 원 이하의 벌금
③ 과태료 10만 원
④ 2년 이하의 징역 또는 2천만 원 이하의 벌금

● 해설
건설기계조종사면허를 받지 않고 건설기계를 조종한 자는 1년 이하의 징역 또는 1천만 원 이하의 벌금을 적용한다.

29 관용 건설기계의 등록번호표 색깔은?

① 백색 판에 흑색 문자
② 주황색 판에 백색 문자
③ 청색 판에 백색 문자
④ 녹색판에 백색 문자

● 해설
건설기계 등록번호표는 비사업용(관용 또는 자가용)과 대여사업용으로 구분되며 임시번호표는 목판으로 백색판에 흑색 문자이다.

구 분		일련번호	색 상
비사업용	관 용	0001~0999	흰색 바탕에 검은색 문자
	자가용	1000~5999	
대여사업용		6000~9999	주황색 바탕에 검은색 문자

30 타이어식 로더의 정기검사 유효기간은?

① 3개월　　② 6개월
③ 1년　　　④ 2년

● 해설
• 덤프트럭 : 1년
• 기중기(타이어식, 트럭적재식) : 1년
• 지게차(1톤 이상) : 2년
• 로더(타이어식) : 2년

31 건설기계관리법상 자동차 1종 대형 면허로 조종할 수 없는 건설기계는?

① 콘크리트펌프
② 천공기(트럭 적재식)
③ 굴착기
④ 콘크리트 믹서 트럭

● 해설
• 3톤 미만 굴착기 : 1종 대형면허 또는 1종 보통면허가 있는 상태에서 12시간 교육이수 필요
• 3톤 이상 굴착기 : 굴착기운전기능사 필요

32 최고속도가 15km/h 미만인 건설기계가 갖추지 않아도 되는 조명은?

① 제동등　　② 후부반사기
③ 번호등　　④ 전조등

● 해설
최고속도가 15km/h 미만인 건설기계가 반드시 갖춰야할 조명장치는 후부반사기이다.

27 ④　28 ②　29 ①　30 ④　31 ③　32 ③

33 도로교통법상에서 일시정지 및 서행에 대한 설명으로 틀린 것은?

① 신호등이 없고 교통이 복잡한 교차로에서는 일시정지해야 한다.
② 비탈길 고갯마루 부근에서는 서행해야 한다.
③ 도로가 구부러진 곳에서는 서행해야 한다.
④ 신호등이 없는 철길 건널목을 통과할 때에는 서행으로 통과해야 한다.

🔹 **해설**
신호등이 없는 철길 건널목을 통과할 때에는 일시정지 하여 안전여부를 확인 후 통과해야한다.

34 교차로 통행방법에 대한 설명으로 틀린 것은?

① 좌회전 시 교차로 중심 안쪽으로 서행한다.
② 교차로 내에는 차선이 없기 때문에 진행방향을 임의로 바꿀 수 있다.
③ 교차로에서 우회전 시 서행한다.
④ 교차로에서 직진하려는 차는 이미 교차로에 진입하여 좌회전하고 있는 차의 진로를 방해할 수 없다.

35 교통안전표지의 종류와 형태에서 다음 그림이 나타내는 표시는?

① 최저속도 제한
② 차 중량 제한
③ 진입금지
④ 통행금지

🔹 **해설**
자주 출제되는 교통안전표지

36 유압펌프 관련 용어 중 GPM의 의미는?

① 회로 내에서 이동되는 유체의 양
② 회로 내에서 형성되는 압력의 크기
③ 복동 실린더의 치수
④ 흐름에 대한 저항

🔹 **해설**
GPM(Gallon Per Minute) : 유량단위

37 유압장치에 사용되는 유압기기에 대한 설명으로 틀린 것은?

① 축압기 - 외부로 오일누출 방지
② 유압펌프 - 오일 압송
③ 실린더 - 직선운동
④ 유압모터 - 무한회전운동

🔹 **해설**
오일씰(oil seal)-외부로 오일누출 방지

33 ④ 34 ② 35 ③ 36 ① 37 ①

38 다음 유압 기호 표시는?

① 순차 밸브   ② 무부하 밸브
③ 릴리프 밸브   ④ 감압 밸브

➕ 해설
자주 출제되는 유압기호

정용량형 유압펌프	가변용량형 유압펌프	가변용량형 유압 모터	단동 실린더	복동 실린더
감압밸브	릴리프밸브	릴리프붙이 감압밸브	파일럿작동형 감압밸브	체크 밸브
고압우선형 셔틀밸브	유압탱크 (개방형)	유압탱크 (밀폐형)	정용량형 펌프·모터	회전형 전기모터 액추에이터
오일 필터	드레인 배출기	유압 동력원	계측기(중원)	압력계
어큐뮬레이터 (축압기)	스프링	전자조작 단동 슬레노이드	전자조작 복동 슬레노이드	인력조작 레버
인력조작 누름버튼	파일럿조작 직접작동	파일럿조작 간접작동	기계조작 플렌저	기계조작 스프링

39 유압모터의 단점이 아닌 것은?
① 작동유가 누출되면 작업 성능에 지장이 발생한다.
② 작동유에 먼지 및 공기가 유입되지 않도록 보수에 주의한다.
③ 릴리프 밸브를 부착하여 속도 및 방향을 제어하기 어렵다.
④ 작동유의 점도변화에 의하여 유압모터의 사용에 제한이 있다.

40 오일펌프의 종류가 아닌 것은?
① 베인펌프   ② 기어펌프
③ 진공펌프   ④ 플런저펌프

➕ 해설
오일펌프의 종류 : 베인펌프, 기어펌프 플런저펌프

41 유압장치의 불순물 및 금속가루를 제거하기 위한 장치로 바르게 나열된 것은?
① 스크레이퍼, 필터
② 여과기, 어큐뮬레이터
③ 필터, 스트레이너
④ 어큐뮬레이터, 스트레이너

➕ 해설
필터, 스트레이너 : 유압장치의 불순물 및 금속가루를 제거하기 위한 장치

42 유압회로에 흐르는 압력이 설정된 압력 이상으로 상승하는 것을 방지하기 위한 밸브는?
① 릴리프 밸브
② 감압 밸브
③ 시퀀스 밸브
④ 카운터 밸런스 밸브

38 ②   39 ③   40 ③   41 ③   42 ①

> **해설**
> - 감압 밸브 : 1차측 압력과 관계없이 분기회로에서 2차측 압력을 설정압력까지 감압하는 밸브
> - 시퀀스 밸브 : 2개 이상의 분기회로에서 유압 액추에이터의 작동순서를 제어하는 밸브
> - 카운터 밸런스 밸브 : 중력으로 인해 낙하를 방지하기 위해 배압을 유지하는 밸브
> ※ 압력제어밸브 : 릴리프 밸브, 감압 밸브, 시퀀스 밸브, 카운터 밸런스 밸브

43 유압기기는 작은 힘으로 큰 힘을 얻는 장치이다. 어떤 원리를 응용한 것인가?
① 베르누이의 원리
② 파스칼의 원리
③ 뉴턴의 원리
④ 보일의 원리

> **해설**
> 유압기기는 작은 힘으로 큰 힘을 얻는 장치로, 파스칼 원리를 응용한다.

44 유체에너지를 일시 저장하여 맥동 및 충격 압력을 흡수하고 부하가 클 때 저장해둔 에너지를 방출하여 순간적인 과부하를 방지하는 기기는?
① 어큐뮬레이터
② 액추에이터
③ 제어밸브
④ 유압펌프

> **해설**
> - 액추에이터 : 유압펌프를 통해 송출된 에너지를 직선운동이나 회전운동을 통해 기계적 일을 하는 기기
> - 유압펌프 : 엔진의 기계적 에너지를 유압 에너지로 변환하는 기기

45 유압실린더와 유압모터의 설명으로 옳은 것은?
① 실린더는 직선운동, 모터는 회전운동
② 실린더는 회전운동, 모터는 직선운동
③ 실린더와 모터 모두 직선운동
④ 실린더와 모터 모두 회전운동

46 유압 계통에서 릴리프 밸브 스프링의 장력이 약해지면 발생할 수 있는 현상은?
① 블로바이 현상
② 노킹 현상
③ 채터링 현상
④ 트램핑 현상

> **해설**
> - 블로바이 현상 : 피스톤 압축 시 실린더 벽과 피스톤 사이의 틈새로 미량의 가스가 새어 나오는 현상
> - 노킹 현상 : 엔진 실린더 내에서 비정상 연소에 의해 망치로 두드리는 것과 같은 소음이 발생하는 현상
> - 채터링 현상 : 릴리프 밸브에서 볼이 밸브 시트를 두들겨서 소음을 발생시키는 현상
> - 트램핑 현상 : 고속 주행 시 바퀴가 상·하로 진동하는 현상

47 기중기의 작업 시 안전수칙으로 틀린 것은?
① 가벼운 물건은 아우트리거를 고이지 말아야 한다.
② 운전반경 내에는 사람의 접근을 막아야 한다.
③ 붐의 각을 78° 이상으로 하지 말아야 한다.
④ 붐의 각을 20° 이하로 하지 말아야 한다.

> **해설**
> 기중기 작업을 할 때는 가벼운 물건도 아우트리거를 고여야 한다.

48 기중기에서 훅의 중심을 지나는 수직선과 선회장치의 회전중심을 지나는 수직선 사이의 최단거리는?
① 선회 중심축
② 작업 반경
③ 붐의 중심축
④ 붐의 각

> **해설**
> 작업 반경 : 훅의 중심을 지나는 수직선과 선회장치의 회전중심을 지나는 수직선 사이의 최단거리

43 ② 44 ① 45 ① 46 ③ 47 ① 48 ②

49 기중기에서 붐의 각을 40°에서 60°로 조작하였다. 다음 중 옳은 것은?
① 입체하중이 작아진다.
② 붐의 길이가 길어진다.
③ 기중능력이 작아진다.
④ 작업 반경이 작아진다.

🔵 해설
- 붐의 각과 기중능력은 서로 비례한다.
- 붐의 각과 작업 반경은 서로 반비례한다.
- 붐의 길이와 작업 반경은 서로 비례한다.
- 작업 반경과 기중능력은 서로 반비례한다.

50 기중기의 드래그라인에서 드래그 로프를 드럼에 잘 감기도록 하는 장치는?
① 라인 와인더   ② 페어리드
③ 시브   ④ 태그라인

🔵 해설
- 페어리드 : 드래그 로프를 드럼에 잘 감기도록 하는 장치이다.
- 태그라인이 고장 나면 붐 기복 발생 시 버킷이 과도하게 흔들리거나 로프의 꼬임이 발생한다.

51 기중기 작업 전에 점검해야 하는 안전장치가 아닌 것은?
① 유압펌프   ② 훅 과권장치
③ 과부하 방지장치 ④ 붐 과권장치

🔵 해설
기중기 작업 전 점검해야 하는 안전장치 : 훅 과권장치, 과부하 방지장치, 붐 과권장치

52 다음 그림과 같이 기중기에 부착된 작업 장치는?

① 훅
② 백호
③ 클램셸
④ 파일 드라이버

🔵 해설
- 훅 : 갈고리 모양으로 로프 등을 걸어서 중량물을 달아 올리는 데 사용된다.
- 백호 : 파워셔블의 버킷을 앞으로 끌어당겨 토사를 퍼 올리는데 사용된다.
- 클램셸 : 수직굴토, 배수구 굴삭 및 청소작업에 사용된다.
- 파일 드라이버 : 주로 항타 및 항발작업에 사용된다.

53 감아올리기 작업 시 주의사항에 대한 설명으로 틀린 것은?
① 지면으로부터 약 5cm 떨어진 지점에서 정지한다.
② 비스듬히 끌어올리면 안 된다.
③ 와이어로프에 장력이 가해질 경우 계속 작업해도 된다.
④ 감아올릴 경우 급격히 상승하면 안 된다.

🔵 해설
감아올리기 작업을 할 때 와이어로프에 장력이 가해질 경우 일단 작업을 중지한다.

54 기계식 기중기에서 붐 호이스트의 브레이크 형식 중 가장 일반적인 것은?
① 내부 수축식   ② 내부 확장식
③ 외부 수축식   ④ 외부 확장식

🔵 해설
외부 수축식 : 가장 일반적인 붐 호이스트의 브레이크 형식

55 기중기 작업 시 일반적인 최대 안전각도(가장 좋은 각도)는?
① 30° 60′   ② 60° 30′
③ 30° 66′   ④ 66° 30′

🔵 해설
일반적인 최대 안전각도 : 66° 30′

49 ④ 50 ② 51 ① 52 ④ 53 ③ 54 ③ 55 ④

56 기중기 주행 시 유의사항에 대한 설명으로 틀린 것은?

① 타이어식 기중기를 주차할 때는 반드시 주차 브레이크를 사용해야 한다.
② 기중기 주행 시 선회 록(Lock)을 고정시켜야 한다.
③ 언덕길을 올라갈 때 가능한 한 붐을 세워야 한다.
④ 고압선 아래 시 간격을 여유롭게 두고 신호자의 지시에 따라야 한다.

🔵 해설
기중기로 언덕길을 올라갈 때 붐을 낮춰야 한다.

57 기중기의 드래그 라인(Drag Line) 작업방법에 대한 설명으로 틀린 것은?

① 굴착력을 높이기 위해 버킷의 투스(Tooth)를 날카롭게 연마한다.
② 도랑을 굴착할 때 경사면이 기중기 앞쪽에 위치하도록 한다.
③ 드래그 베일 소켓을 페어리드 쪽으로 당긴다.
④ 기중기 앞쪽에 작업한 토사를 쌓아두지 않는다.

🔵 해설
• 드래그 라인 : 수중 굴착작업 등과 같이 기계의 설치 지반보다 낮은 곳을 파는 굴착기
• 드래그 라인의 작업 사이클 : 굴착 → 선회 → 흙쏟기 → 선회 → 굴착

58 훅의 점검방법에 대한 설명으로 틀린 것은?

① 개구부가 신품상태일 때 간격의 10%를 초과하면 사용해서는 안 된다.
② 훅의 마모가 신품상태일 때 지름의 5%를 초과하면 사용해서는 안 된다.
③ 균열이 발생하면 사용해서는 안 된다.
④ 경화 및 연화의 우려가 있으면 사용해서는 안된다.

🔵 해설
개구부가 신품상태일 때 간격의 5%를 초과하면 사용해서는 안 된다.

59 와이어로프의 종류 중 안전율이 4.0인 것은?

① 호스트 로프
② 지지 로프
③ 권상용 와이어로프
④ 지브의 기복용 와이어로프

🔵 해설
• 안전율 5.0 와이어로프 : 권상용 와이어로프, 지브의 기복용 와이어로프, 호스트 로프
• 안전율 4.0 와이어로프 : 지지 로프, 보조 로프, 붐 신축용 로프, 지브의 지지용 와이어로프, 고정용 와이어로프

60 트레일러에 기중기를 상차하는 방법에 대한 설명으로 틀린 것은?

① 아웃트리거는 완전히 집어넣고 상차한다.
② 붐을 분리시키기 힘든 경우에는 낮고 짧게 유지한다.
③ 흔들리거나 미끄러져서 전도되지 않도록 단단히 고정한다.
④ 최대한 무거운 카운터 웨이트를 부착하여 상차한다.

56 ③   57 ③   58 ①   59 ②   60 ④

CBT 실전모의고사 3회

기중기운전기능사

1. 디젤엔진에서 팬벨트의 장력이 과다할 때 발생하는 현상으로 가장 적절한 것은?
   ① 엔진이 과냉된다.
   ② 엔진이 과열된다.
   ③ 배터리 충전 부족 현상이 발생한다.
   ④ 발전기 베어링이 손상될 우려가 있다.

   ⊕ 해설
   • 엔진이 과냉된다. : 엔진 서모스탯이 열린 상태로 고장 난 경우 발생하는 현상
   • 엔진이 과열된다. : 팬벨트의 장력이 과소할 때 발생하는 현상
   • 배터리 충전 부족 현상이 발생한다. : 팬벨트의 장력이 과소할 때 발생하는 현상

2. 과급기(터보차저)에 대한 설명으로 옳은 것은?
   ① 실린더 내의 흡입 공기량을 증가시킨다.
   ② 연료 소비율을 증가시킨다.
   ③ 가솔린 엔진에만 설치된다.
   ④ 피스톤의 흡입력에 의해 임펠러가 회전한다.

   ⊕ 해설
   • 연료 소비율을 감소시킨다.
   • 가솔린, 디젤엔진에 설치된다.
   • 배기가스 온도 및 압력에 의해 터빈이 회전한다.

3. 디젤엔진에서 엔진 부조가 발생하는 원인이 아닌 것은?
   ① 연료 공급 불량
   ② 거버너 작동 불량
   ③ 발전기 고장
   ④ 분사시기 조정 불량

4. 엔진 냉각장치에서 밀봉 압력식 라디에이터 캡을 사용하는 목적은?
   ① 압력밸브가 고장 났을 때
   ② 엔진 온도를 높일 때
   ③ 냉각수의 비등점을 높일 때
   ④ 엔진 온도를 낮출 때

5. 연소할 때 발생하는 질소산화물(NOx)의 생성 원인으로 가장 적절한 것은?
   ① 높은 연소 온도
   ② 가속 불량
   ③ 흡입 공기 부족
   ④ 소염 경계층

   ⊕ 해설
   질소산화물(NOx)은 연소온도가 높고 공기·연료 혼합비가 희박할수록 많이 발생한다.

6. 디젤엔진에서 사용되는 에어클리너에 대한 설명으로 틀린 것은?
   ① 에어클리너가 막히면 연소가 나빠진다.
   ② 에어클리너가 막히면 엔진 출력이 감소한다.
   ③ 에어클리너가 막히면 배기가스 색은 흑색이 된다.
   ④ 에어클리너는 실린더 마멸과 관계없다.

   ⊕ 해설
   에어클리너의 필터링이 불량하여 흡입공기 중의 이물질이 연소실로 유입되면 실린더 마멸이 발생할 수 있다.

1 ④ 2 ① 3 ③ 4 ③ 5 ① 6 ④

7 피스톤의 측압을 받지 않는 스커트 부를 떼어내어 경량화 하여 고속엔진에 많이 사용하는 피스톤은?

① 풀 스커트 피스톤
② 솔리드 피스톤
③ 슬리퍼 피스톤
④ 스피릿 스커트 피스톤

⊕ 해설
- 풀 스커트 피스톤 : 피스톤 핀 아랫부분이 길고 그 둘레가 균일하게 생긴 피스톤
- 솔리드 피스톤 : 스커트부에 홈이 없고 통형으로 된 피스톤
- 스피릿 스커트 피스톤 : 스커트부에 단열용 가로 슬릿이나 탄력용 세로 슬릿이 나 있는 피스톤
- ※ 슬리퍼 피스톤은 무게를 증가시키지 않고 스러스트 접촉 면적을 크게 하여 피스톤 슬랩을 감소시킬 수 있는 장점이 있으나 스커트 부를 떼어낸 부분에 오일이 고이게 되어 이 오일을 긁어낼 때 손실이 발생하는 단점도 있다.

8 가솔린엔진 대비 디젤엔진의 장점이 아닌 것은?

① 흡입행정 시 펌핑 손실을 줄일 수 있다.
② 열효율이 높다.
③ 마력당 중량이 크다.
④ 일산화탄소(CO) 배출량이 적다.

⊕ 해설
마력당 중량이 크다. : 디젤엔진 단점

9 디젤엔진에서 디젤노크의 발생 원인으로 옳은 것은?

① 착화지연기간이 짧을 때
② 흡입공기 온도가 높을 때
③ 연소실에 누적된 다량의 연료가 일시에 연소될 때
④ 연료에 공기가 유입되었을 때

⊕ 해설
- 착화지연기간이 길 때
- 흡입공기 온도가 낮을 때
- 연료에 공기가 유입되었을 때 : 엔진 부조 및 진동의 원인

10 20°C에서 전해액 충전 시 비중과 충전상태를 나열한 것으로 틀린 것은?

① 1.150~1.170, 25%
② 1.190~1.210, 50%
③ 1.220~1.260, 75%
④ 1.260~1.280, 100%

⊕ 해설
1.220~1.260, 80%
※ 충전상태가 75% 이하이면 보충전을 실시한다.

11 좌·우측 전조등 회로의 연결방법으로 옳은 것은?

① 직·병렬 연결 ② 병렬 연결
③ 단식 배선   ④ 직렬 연결

12 배터리 용량을 나타내는 단위는?

① Ω   ② V
③ Ah   ④ A

⊕ 해설
Ah = A × h
Ah : 배터리 용량 단위, A : 연속 방전 전류 단위, h : 방전 종지 전압까지 연속 방전 시간 단위

13 건설기계장비에서 가장 큰 전류가 흐르는 부품은?

① 발전기 로터
② 시동전동기
③ 다이오드
④ 배전기

7 ③ 8 ③ 9 ③ 10 ③ 11 ② 12 ③ 13 ②

14 교류 발전기의 구성 부품이 아닌 것은?

① 스테이터 코일
② 전류 조정기
③ 슬립링
④ 다이오드

➕ **해설**
전압 조정기

15 배터리 급속충전 시 유의사항에 대한 설명 중 틀린 것은?

① 충전시간은 가능한 한 짧게 한다.
② 충전전류는 배터리 용량과 같게 한다.
③ 충전 중 가스가 많이 발생하면 충전을 중지한다.
④ 충전 중 전해액의 온도가 45℃가 넘지 않도록 한다.

➕ **해설**
충전전류는 배터리 용량의 50%로 한다.

16 파워스티어링 장치에서 조향핸들이 매우 무거워 조작하기 힘든 상태인 경우 그 원인으로 가장 적절한 것은?

① 조향핸들 유격이 큼
② 조향펌프에 오일이 부족함
③ 바퀴가 습지에 있음
④ 볼 조인트의 교환시기가 초래함

17 자동변속기가 과열하는 원인으로 틀린 것은?

① 자동변속기 오일이 규정량보다 많다.
② 자동변속기 오일쿨러가 막혔다.
③ 메인 압력이 높다.
④ 과부하 운전을 계속하였다.

➕ **해설**
자동변속기 오일이 규정량보다 적다.
※ 오일이 부족하여 규정량보다 적으면 윤활 및 냉각작용이 불량하여 과열할 수 있다.

18 타이어의 뼈대가 되는 부분이며, 튜브의 공기압에 견디면서 일정한 체적을 유지하고 하중이나 충격에 변형되면서 완충작용을 하고 내열성 고무로 밀착시킨 구조로 되어 있는 것은 무엇인가?

① 카커스(Carcass)
② 트레드(Tread)
③ 브레이커(Breaker)
④ 비드(Bead)

➕ **해설**
- 트레드(Tread) : 노면과 직접적으로 접촉하는 부분
- 브레이커(Breaker) : 트레드와 카커스의 중간에 위치한 코드 벨트
- 비드(Bead) : 카커스 코드 벨트의 양단이 감기는 철선

19 조향핸들의 유격이 커지는 원인이 아닌 것은?

① 앞 차륜 베어링 과대 마모
② 타이어 공기압 과다
③ 피트먼 암의 헐거움
④ 조향기어 및 링키지 조정 불량

20 도로 굴착 중 황색 도시가스 보호포가 나왔다. 이때 매설된 도시가스 배관의 압력은?

① 보호포 색상은 배관압력과 관계없이 무조건 황색이다.
② 고압
③ 중압
④ 저압

➕ **해설**
- 황색 : 저압(0.1MPa 미만)
- 적색 : 중압(0.1MPa 이상 1MPa 미만) 이상
※ 지상배관은 가스압력과 관계없이 황색으로 표시한다.

14 ② 15 ② 16 ② 17 ① 18 ① 19 ② 20 ④

21 사용한 공구를 정리하여 보관할 때 가장 옳은 것은?
① 기름이 묻은 공구는 물로 깨끗이 씻어서 보관한다.
② 사용한 공구는 면 걸레로 깨끗이 닦아서 지정된 곳에 보관한다.
③ 사용한 공구는 녹슬지 않게 기름칠하여 작업대 위에 진열해 놓는다.
④ 사용한 공구는 종류별로 묶어서 보관한다.

22 가스장치의 누출 여부 및 부위를 정확하게 확인하는 방법은?
① 비눗물 사용
② 냄새로 감지
③ 분말 소화기 사용
④ 소리로 감지

23 도로 굴착작업 중 매설된 전기설비의 접지선이 노출되어 일부가 손상되었을 때 조치방법으로 가장 적절한 것은?
① 손상된 접지선은 임의로 철거한다.
② 접지선 단선은 사고와 무관하므로 그대로 되메운다.
③ 접지선 단선 시에는 시설관리자에게 연락 후 그 지시를 따른다.
④ 접지선 단선 시에는 철선 등으로 연결 후 되메운다.

24 산업재해 조사의 목적에 대한 설명으로 옳은 것은?
① 적절한 예방대책을 수립하기 위해
② 재해발생에 대한 통계를 작성하기 위해
③ 재해 유발자에 대한 처벌을 위해
④ 작업능률 향상과 근로기강 확립을 위해

25 수공구의 올바른 사용방법으로 틀린 것은?
① 공구를 청결하게 하여 보관할 것
② 공구를 취급 시 올바른 방법으로 사용할 것
③ 공구는 지정된 장소에 보관할 것
④ 공구는 사용 전·후로 오일을 발라 둘 것

➕ **해설**
공구는 사용 전·후로 면 걸레로 깨끗이 닦아둘 것

26 도시가스 관련법상 배관의 구분에 속하지 않는 것은?
① 본관
② 공급관
③ 내관
④ 가정관

➕ **해설**
- 본관 : 도시가스 제조사업소의 부지 경계에서 정압까지 이르는 배관
- 공급관 : 정압기에서 가스사용자가 소유하고 토지의 경계까지(또는 건축물 외벽에 설치하는 계량기의 전단 밸브까지) 이르는 배관
- 내관 : 가스사용자가 소유하고 있는 토지의 경계에서 연소기까지 이르는 배관

27 산업안전보건에서 안전표지의 종류가 아닌 것은?
① 위험표지
② 경고표지
③ 지시표지
④ 금지표지

➕ **해설**
- 안내표지 : 바탕은 녹색, 부호 및 그림은 흰색
- 경고표지 : 기본모형은 검은색·빨간색, 바탕은 노란색·무색, 부호 및 그림은 검은색
- 지시표지 : 바탕은 파란색, 그림은 흰색
- 금지표지 : 기본모형은 빨간색, 바탕은 흰색, 부호 및 그림은 검은색

21 ② 22 ① 23 ③ 24 ① 25 ④ 26 ④ 27 ①

28 스패너 사용시 유의사항으로 틀린 것은?
① 보관 시 방청제를 바르고 건조한 곳에 보관한다.
② 파이프 등의 연장대를 끼워서 사용한다.
③ 녹이 생긴 볼트·너트에는 오일을 넣어 스며들게 한 후 돌린다.
④ 지렛대용으로 사용하지 않는다.

29 작업장의 안전 관리에 대한 설명으로 틀린 것은?
① 바닥은 폐유를 뿌려 먼지 등이 일어나지 않도록 한다.
② 작업대 사이, 또는 기계 사이의 통로는 안전을 위한 일정한 너비가 필요하다.
③ 전원 콘센트 및 스위치 등에 물을 뿌리지 않는다.
④ 항상 청결하게 유지한다.

30 토크렌치의 사용방법으로 가장 올바른 것은?
① 왼손은 렌치 중간 지점을 잡고 돌리며 오른손은 지지점을 누르고 게이지 눈금을 확인한다.
② 오른손은 렌치 끝을 잡고 돌리며 왼손은 지지점을 누르고 게이지 눈금을 확인한다.
③ 렌치 끝을 한손으로 잡고 돌리면서 게이지 눈금을 확인한다.
④ 렌치 끝을 양손으로 잡고 돌리면서 게이지 눈금을 확인한다.

31 기계설비의 위험성 중 접선물림점(Tangential Point)과 가장 관련 없는 것은?
① 체인벨트 ② 기어와 랙
③ 커플링 ④ V벨트

32 소화 작업의 기본적인 요소에 대한 설명으로 틀린 것은?
① 연료를 기화시킨다.
② 점화원을 제거한다.
③ 산소를 차단한다.
④ 가연물질을 제거한다.

⊕ 해설
연료를 제거시킨다.

33 특별표지판을 부착해야 하는 대형 건설기계에 포함되지 않는 것은?
① 최소회전반경이 14m인 건설기계
② 길이가 17m인 건설기계
③ 총중량이 50톤인 건설기계
④ 높이가 3.5m인 건설기계

⊕ 해설
특별표지판 부착해야 하는 대형 건설기계
· 최소회전반경 12m 초과
· 길이 16.7m 초과
· 총중량 40톤 초과
· 높이 4m 초과
· 너비가 2.5m 초과
· 총중량 상태에서 축하중이 10톤 초과

34 도로에서 파일 항타 및 굴착작업을 하는 도중에 지하에 매설된 전력 케이블이 손상되었다. 이때 전력 공급에 파급되는 영향으로 옳은 것은?
① 케이블이 절단되어도 전력 공급하는데 이상 없다.
② 케이블을 보호하는 관이 손상되어도 전력공급에 큰 차질이 없기 때문에 별다른 조치가 필요하지 않다.
③ 케이블은 외피 및 내부가 철 그물망 구조로 되어있으므로 절대로 절단되지 않는다.

28 ② 29 ① 30 ② 31 ③ 32 ① 33 ④ 34 ④

④ 전력케이블에 충격 및 손상이 가해지면 즉각 전력공급이 차단되거나 일정 시간이 지나면 부식 등으로 인하여 전력 공급이 중단될 수 있다.

35 폐기요청을 받은 건설기계를 폐기하지 않거나 등록번호표를 폐기하지 않은 자에 대한 벌칙은?

① 2년 이하의 징역 또는 2천만 원 이하의 벌금
② 1년 이하의 징역 또는 1천만 원 이하의 벌금
③ 2백만 원 이하의 벌금
④ 1백만 원 이하의 벌금

🔂 해설
※ 참고
- 2년 이하의 징역 또는 2천만 원 이하의 벌금 : 등록되지 않은 건설기계를 사용하거나 운행한 자 등에 대한 벌칙
- 1백만 원 이하의 벌금 : 정비명령을 이행하지 않은 자, 구조변경 검사 또는 수시검사를 받지 않은 자, 등록번호를 지워 없애거나 식별을 곤란하게 한 자 등에 대한 벌칙

36 도로교통법상에서 교차로의 가장자리 또는 도로의 모퉁이로부터 몇 m 이내의 장소에 주·정차를 해서는 안 되는가?

① 3m ② 5m
③ 7m ④ 10m

37 도로교통법상에서 올바른 정차 방법에 대한 설명으로 맞는 것은?

① 진행방향과 비스듬하게 정차한다.
② 진행방향과 평행하게 정차한다.
③ 도로의 좌측 가장자리에 정차한다.
④ 도로의 중앙에 정차한다.

🔂 해설
- 진행방향과 평행하게 정차한다.
- 도로의 우측 가장자리에 정차한다.

38 교차로 통행 방법에 대한 설명 중 틀린 것은?

① 교차로에서는 앞지르기를 할 수 없다.
② 교차로에서는 정차하지 못한다.
③ 교차로에서는 반드시 경음기를 작동시킨다.
④ 좌·우 회전 시 방향지시등으로 신호를 해야한다.

39 도로교통법상에서 모든 차의 운전자가 서행해야 하는 장소에 포함되지 않는 곳은?

① 도로가 구부러진 부근
② 가파른 비탈길의 내리막
③ 비탈길의 고개 마루 부근
④ 편도 2차로 이상의 다리 위

🔂 해설
모든 차의 운전자가 서행해야 하는 장소
- 도로가 구부러진 부근
- 가파른 비탈길의 내리막
- 비탈길의 고개 마루 부근
- 교통정리를 하고 있지 않는 교차로
- 지방경찰청장이 정한 곳

40 건설기계로 도로주행 시 교차로 전방 20m 지점에 이르렀을 때 신호등이 황색으로 바뀌었다. 운전자의 적절한 조치방법은?

① 관계없이 계속 진행한다.
② 주위의 교통상황을 예의주시하면서 진행한다.
③ 일시 정지하여 안전을 확인한 후 진행한다.
④ 정지할 준비를 하여 정지선에 정지한다.

📎 35 ② 36 ② 37 ② 38 ③ 39 ④ 40 ④

41 유압유 내에 거품(기포)이 발생하는 원인으로 가장 적절한 것은?

① 오일 열화
② 오일 내 수분 유입
③ 오일 누설
④ 오일 내 공기 유입

42 유압장치에 대한 설명으로 가장 적절한 것은?

① 액체로 변환시키기 위해 기체를 압축시키는 장치
② 유체의 압력에너지를 이용하여 기계적인 일을 하는 장치
③ 오일을 이용하여 전기를 발생시키는 장치
④ 무거운 물체를 들어올리기 위해 기계적인 이점을 이용하는 장치

43 단동 실린더의 기호 표시는?

①
②
③
④

+ 해설
- ⟨복동 실린더 기호⟩ : 복동 실린더
- ⟨복동 실린더 양 로드형 기호⟩ : 복동 실린더 양 로드형
- ⟨압력 스위치 기호⟩ : 압력 스위치

44 유압펌프에서 작동유 누유 여부에 대한 점검사항이 아닌 것은?

① 운전자가 관심을 가지고 지속적으로 점검한다.
② 고정 볼트가 이완된 경우 추가 조임을 한다.
③ 정상 작동 온도로 난기 운전을 실시하여 점검하는 것이 좋다.
④ 하우징에 균열이 발생되면 패킹을 교환한다.

+ 해설
하우징에 균열이 발생되면 유압펌프 조립체(또는 하우징)를 교환한다.

45 유압유의 구비조건이 아닌 것은?

① 점도지수가 커야 한다.
② 비압축성이어야 한다.
③ 체적 탄성계수가 작아야 한다.
④ 인화점 및 발화점이 높아야 한다.

+ 해설
체적 탄성계수가 커야한다.

46 유압실린더 등의 중력으로 인해 낙하를 방지하기위해 회로에 배압을 유지하는 밸브는?

① 언로더밸브
② 카운터밸런스밸브
③ 감압밸브
④ 시퀀스밸브

+ 해설
- 언로더밸브 : 일정조건에서 펌프를 무부하로 하기 위해 사용되는 밸브
- 감압밸브 : 1차측 압력과 관계없이 분기회로에서 2차측 압력을 설정압력까지 감압하는 밸브
- 시퀀스밸브 : 두 개 이상의 분기회로에서 유압 액추에이터의 작동순서를 제어하는 밸브

41 ④　42 ②　43 ②　44 ④　45 ③　46 ②

47 다음 중 와이어로프 점검에 대한 설명으로 옳은 것은?

① 와이어로프의 마모가 공칭지름의 3%를 초과하면 사용해서는 안 된다.
② 와이어로프의 마모가 공칭지름의 5%를 초과하면 사용해서는 안 된다.
③ 와이어로프의 마모가 공칭지름의 7%를 초과하면 사용해서는 안 된다.
④ 와이어로프의 마모가 공칭지름의 10%를 초과하면 사용해서는 안 된다.

➕ 해설
와이어로프의 마모가 공칭지름의 7%를 초과하면 사용해서는 안 된다.

48 기중기의 작업장치 중에서 디젤 해머로 할 수 있는 작업은?

① 수중 굴착   ② 파일 항타
③ 와이어로프 감기 ④ 수직 굴토

➕ 해설
파일 항타는 디젤 해머로 할 수 있는 작업이다.

49 기중기 작업 시 일반적인 붐의 최소제한각도는?

① 10°   ② 20°
③ 30°   ④ 40°

➕ 해설
• 일반적인 붐의 최소 제한각도 : 20°
• 일반적인 붐의 최대 제한각도 : 78°

50 기중기의 사용 용도로 부적절한 작업은?

① 파일 항타 작업
② 화물 적하작업
③ 크레인 작업
④ 경지정리 작업

➕ 해설
기중기의 작업 종류 : 화물 적하작업, 크레인 작업, 파일 항타 작업

51 와이어로프의 이탈을 방지하기 위해 훅에 설치한 안전장치는?

① 이송 장치   ② 스위블 장치
③ 해지 장치   ④ 걸림 장치

➕ 해설
해지 장치 : 와이어로프의 이탈을 방지하기 위해 훅에 설치한 안전장치

52 기중기의 작업 장치 중 수직굴토, 배수구 굴삭 및 청소 작업에 사용되는 것은?

① 클램셸
② 훅
③ 백호
④ 파일 드라이버

➕ 해설
• 훅 : 갈고리 모양으로 로프 등을 걸어서 중량물을 달아 올리는 데 사용된다.
• 백호 : 파워셔블의 버킷을 앞으로 끌어당겨 토사를 퍼올리는 데 사용된다.
• 파일 드라이버 : 주로 항타 및 항발작업에 사용된다.

53 인양높이에 대한 설명으로 옳은 것은?

① 지면에서 훅까지의 수직거리
② 지면에서 붐까지의 수직거리
③ 차륜 중심에서 훅까지의 평균거리
④ 차륜 중심에서 붐까지의 수직거리

➕ 해설
인양높이 : 지면에서 훅까지의 수직거리

54 기중기에서 엔진 동력을 유압으로 변환시켜 주는 장치는?

① 훅 해지장치
② 카운터웨이트
③ 동력인출장치(PTO)
④ 턴테이블

47 ③　48 ②　49 ②　50 ④　51 ③　52 ①　53 ①　54 ③

> **해설**
> - 훅 해지장치 : 줄걸이용 와이어로프의 이탈을 방지하는 안전장치
> - 카운터웨이트 : 기중기의 전도를 방지하는 장치
> - 턴테이블 : 상부회전체를 회전시키는 장치

55 와이어로프와 드럼을 클립 고정으로 연결하고자 한다. 이때 와이어로프 지름이 16mm 이하이면 클립은 몇 개 이상 사용해야 하는가?

① 2개　　　② 4개
③ 5개　　　④ 6개

> **해설**
> - 와이어로프 지름 16mm 이하 : 클립 4개 사용
> - 와이어로프 지름 16mm 초과 28mm 이하 : 클립 5개 사용
> - 와이어로프 지름 28mm 초과 : 클립 6개 이상 사용

56 와이어로프의 한 가닥에서 소선 수가 몇 % 이상 절단되면 사용해서는 안 되는가?

① 5%　　　② 10%
③ 15%　　　④ 20%

> **해설**
> 와이어로프의 한 가닥에서 소선 수가 10% 이상 절단되면 사용해서는 안 된다.

57 체인의 점검에 대한 설명으로 틀린 것은?

① 링의 마모가 신품상태일 때 지름의 20%를 초과하면 사용해서는 안 된다.
② 전장이 신품상태일 때 길이의 5%를 초과하면 사용해서는 안 된다.
③ 변형이 뚜렷한 것은 사용하면 안 된다.
④ 균열이 있는 것은 사용하면 안 된다.

> **해설**
> 링의 마모가 신품상태일 때 지름의 10%를 초과하면 사용해서는 안 된다.

58 트레일러에 기중기를 상차하는 방법에 대한 설명으로 틀린 것은?

① 흔들리거나 미끄러져서 전도되지 않도록 단단히 고정한다.
② 최대한 무거운 카운터 웨이트를 부착하여 상차한다.
③ 아웃트리거는 완전히 집어넣고 상차한다.
④ 붐을 분리시키기 힘든 경우에는 낮고 짧게 유지한다.

59 크레인 작업 시 안전기준에 대한 설명으로 틀린 것은?

① 급회전한다.
② 작업 시 시야(視野)가 양호한 방향으로 선회한다.
③ 작업 중인 크레인의 작업 반경 내에는 접근하지 않는다.
④ 크레인으로 물체를 운반할 경우 붐 각은 20° 이상 또는 78° 이하로 작업한다.

> **해설**
> 크레인 작업을 할 때는 급회전하지 않는다.

60 붐의 길이에 대한 설명으로 옳은 것은?

① 훅의 끝단에서 붐의 선단 시브핀까지의 거리
② 훅의 중심에서 붐의 선단 시브핀까지의 거리
③ 붐의 끝단에서 붐의 선단 시브핀까지의 거리
④ 붐의 고정핀에서 붐의 선단 시브핀까지의 거리

> **해설**
> 붐의 길이 : 붐의 고정핀에서 붐의 선단 시브핀까지의 거리

55 ②　56 ②　57 ①　58 ②　59 ①　60 ④

CBT 실전모의고사 4회

1 엔진 예열장치에서 코일형 예열플러그 대비 실드형 예열플러그에 대한 설명으로 틀린 것은?
① 예열플러그 하나가 단선되어도 나머지는 작동된다.
② 기계적 강도 및 가스에 의한 부식에 약하다.
③ 각각의 예열플러그는 서로 병렬 연결되어 있다.
④ 열용량이 크고 발열량이 크다.

◉ 해설
기계적 강도 및 가스에 의한 부식에 약하다. : 코일형 예열플러그의 특징(단점)

2 엔진오일의 점도가 너무 높은 것을 사용했을 때 발생하는 현상은?
① 엔진 시동 시 필요 이상의 동력이 소모된다.
② 점차 묽어지므로 경제적이다.
③ 좁은 틈새에 잘 침투하므로 충분한 주유가 된다.
④ 겨울철에 사용하기 좋다.

3 엔진에서 실화(Miss Fire)가 발생했을 때 나타나는 현상으로 맞는 것은?
① 엔진이 과냉된다.
② 엔진 회전수가 불안정해진다.
③ 엔진 출력이 상승한다.
④ 연료소비량이 적어진다.

◉ 해설
실화(Miss Fire)가 발생했을 때 나타나는 현상
• 연소온도 및 배기가스 온도가 낮아진다.
• 엔진 회전수가 불안정해진다.
• 엔진 출력이 감소한다.
• 엔진소비량이 많아진다.

4 엔진 냉각팬에 대한 설명으로 틀린 것은?
① 전동팬은 냉각수의 온도에 따라 작동된다.
② 유체 커플링식은 냉각수 온도에 따라 작동한다.
③ 워터펌프는 전동팬의 작동과 관계없이 항상 회전한다.
④ 전동팬이 작동되지 않을 때 워터펌프도 회전하지 않는다.

5 디젤엔진에서 감압장치의 기능은?
① 흡기밸브 또는 배기밸브를 열어 엔진을 가볍게 회전시키는 장치이다.
② 캠축을 원활히 회전시키는 장치이다.
③ 타이밍 기어를 원활하게 회전시키는 장치이다.
④ 크랭크축을 느리게 회전시키는 장치이다.

◉ 해설
엔진 감압장치 : 엔진 시동 시 또는 겨울철 오일 점도가 높을 시 흡기밸브 또는 배기밸브를 강제로 열어 실린더 압축압력을 감소시켜 시동을 용이하게 하는 장치

1 ② 2 ① 3 ② 4 ④ 5 ①

6 4기통 엔진 대비 6기통 엔진의 장점이 아닌 것은?

① 가속이 원활하고 신속하다.
② 저속회전이 용이하고 출력이 높다.
③ 구조가 복잡하여 제작비가 비싸다.
④ 엔진 진동이 적다.

➕ 해설
- 가속이 원활하고 신속하다. : 6기통 엔진 장점
- 저속회전이 용이하고 출력이 높다. : 6기통 엔진 장점
- 구조가 복잡하여 제작비가 비싸다. : 6기통 엔진 단점
- 엔진 진동이 적다. : 6기통 엔진 장점

7 건식 에어클리너의 장점이 아닌 것은?

① 작은 입자의 먼지나 오물을 여과할 수 있다.
② 구조가 간단하고 여과망을 세척하여 사용할 수 있다.
③ 엔진 회전수가 변동되어도 안정된 공기청정효율을 얻을 수 있다.
④ 분해ㆍ조립 및 설치가 간편하다.

➕ 해설
구조가 간단하고 여과망을 세척하여 사용할 수 있다. : 습식 에어클리너의 장점

8 커먼레일 디젤엔진의 공기유량센서(Air Flow Sensor, AFS)로 가장 많이 쓰이는 방식은?

① 열막 방식
② 베인 방식
③ 칼만와류 방식
④ 맵센서 방식

➕ 해설
열막식 공기유량센서 : 흡입공기의 질량유량을 직접 계측하는 방식

9 엔진 시동을 위해 시동 키를 작동시켰지만 시동전동기가 회전하지 않는다. 이때 점검해야 할 내용으로 가장 적절하지 못한 것은?

① 배터리 터미널 접촉상태 점검
② 시동회로의 ST회로 연결 상태 점검
③ 인젝션 펌프의 연료차단 솔레노이드 점검
④ 배터리 방전상태 점검

➕ 해설
인젝션 펌프의 연료차단 솔레노이드 점검 : 크랭킹은 되나 엔진 시동이 안 될 경우의 점검할 내용
※ 시동전동기가 작동하지 않았으므로 엔진 시동장치와 관련된 전기회로를 점검해야 한다.

10 배터리의 용량만 증가시키는 방법은?

① 직렬연결
② 직ㆍ병렬연결
③ 병렬연결
④ 논리회로연결

➕ 해설
배터리를 직렬연결하면 용량은 동일하고 전압은 증가한다. 또한, 병렬연결하면 전압은 동일하고 용량은 증가한다. 이때 '증가' 라는 것은 배터리 개수에 비례한다. 예를 들어, 동일한 배터리 3개를 병렬연결하면 전압은 동일하고 용량은 3배 증가한다.

11 배터리 케이스와 커버 세척에 가장 적절한 것은?

① 물, 소다
② 물, 가솔린
③ 물, 소금
④ 물, 솔벤트

6 ③ 7 ② 8 ① 9 ③ 10 ③ 11 ①

12 에어컨의 구성 부품 중에서 고압의 기체 냉매를 냉각시켜 액화시키는 작용을 하는 부품은?

① 압축기
② 응축기
③ 팽창밸브
④ 증발기

⊕ 해설
• 압축기 : 증발기에서 받은 기체 냉매를 고온 · 고압의 기체로 변환
• 팽창밸브 : 고온 · 고압 액체 냉매를 저온 · 저압 기체 냉매로 변환
• 증발기 : 이베퍼레이터를 말함, 주위로부터 열을 흡수하여 기체 냉매로 변환
※ 에어컨 냉매가스 순환과정 순서
압축기(콤프레서)→응축기(콘덴서)→건조기(리시버드라이어)→팽창밸브(익스팬션밸브)→증발기(이베퍼레이터)

13 직류발전기와 비교하여 교류발전기의 특징으로 틀린 것은?

① 크기가 크고 무겁다.
② 전압 조정기만 필요하다.
③ 저속 발전 성능이 좋다.
④ 브러시 수명이 길다.

⊕ 해설
• 크기가 크고 무겁다. : 직류발전기의 특징(단점)
• 발전기 출력이 동일하다고 가정할 때 교류발전기에 비해 직류발전기가 더 크고 무겁다. 따라서, 교류발전기는 발전기 출력에 비해 중량이 가벼운 것이 특징(장점)이다.

14 다음 회로에서 퓨즈에는 몇 A가 흐르는가?

① 5A　　② 10A
③ 50A　　④ 100A

⊕ 해설
30W+30W=60W
60W=6V×xA
x=10(A)

15 클러치의 미끄러짐이 가장 현저하게 발생하는 시기는?

① 공전 시　　② 저속 시
③ 고속 시　　④ 가속 시

⊕ 해설
가속 시 클러치의 미끄러짐이 가장 현저하게 발생한다.

16 타이어식 건설기계에서 조향바퀴의 얼라이먼트(alignment) 종류가 아닌 것은?

① 캐스터　　② 섹터 암
③ 토인　　④ 캠버

⊕ 해설
• 캐스터
– 정(+)의 캐스터 : 자동차를 측면에서 보았을 때 킹핀의 위쪽이 휠 허브를 지나 노면에 수직인 직선의 '뒤'쪽으로 기울어져 있는 상태
– 부(−)의 캐스터 : 자동차를 측면에서 보았을 때, 킹핀의 위쪽이 휠 허브를 지나 노면에 수직인 직선의 '앞'쪽으로 기울어져 있는 상태
• 토우
– 토인 : 앞바퀴를 위에서 아래로 보았을 때 앞쪽이 뒤쪽보다 좁게 되어져 있는 상태
– 토아웃 : 앞바퀴를 위에서 아래로 보았을 때 뒤쪽이 앞쪽보다 좁게 되어져 있는 상태

12 ②　13 ①　14 ②　15 ④　16 ②

• 캠버
- 정(+)의 캠버 : 앞바퀴의 '아래'쪽이 '위'쪽보다 좁은 상태
- 부(-)의 캠버 : 앞바퀴의 '위'쪽이 '아래'쪽보다 좁은 상태
• 킹핀 경사각 : 앞바퀴를 앞쪽에서 보았을 때 킹핀의 윗부분이 안쪽으로 경사지게 설치되어 있는데, 이때 킹핀 축 중심과 노면에 대한 수직선이 이루는 각도

17 튜브 리스 방식 타이어(tube less type tire)의 장점이 아닌 것은?

① 고속 주행해도 발열이 적다.
② 타이어의 수명이 길다.
③ 못이 박혀도 공기가 잘 새지 않는다.
④ 타이어 펑크 수리가 간단하다.

➕ 해설
타이어의 수명이 짧다(튜브 방식 타이어에 비해).

18 플라이휠과 압력판 사이에 설치되어 있으며, 변속기 압력축을 통해 변속기로 동력을 전달하는 것은?

① 릴리스 포크 ② 릴리스 레버
③ 클러치 디스크 ④ 프로펠러 샤프트

19 소화 설비를 설명한 내용 중 틀린 것은?

① 분말 소화 설비는 미세한 분말소화제를 화염에 방사시켜 화재를 진화시킨다.
② 포말 소화 설비는 저온 압축한 질소가스를 방사시켜 화재를 진화시킨다.
③ 이산화탄소 소화 설비는 질식 작용에 의해 화염을 진화시킨다.
④ 물 분무 소화 설비는 연소물의 온도를 인화점 이하로 냉각시키는 효과가 있다.

➕ 해설
포말 소화 설비는 거품을 덮어서 공기를 차단하여 화재를 진화시킨다.

20 연삭기를 안전하게 사용하는 방법이 아닌 것은?

① 숫돌 덮개 설치 후 작업
② 숫돌 측면 사용 제한
③ 숫돌과 받침대와의 간격을 가능한 넓게 유지
④ 보안경과 방진마스크 사용

➕ 해설
숫돌과 받침대와의 간격을 3mm 이내로 유지

21 연 100만 근로시간당 몇 건의 재해가 발생했는가의 재해율 산출은?

① 천인율 ② 강도율
③ 연천인율 ④ 도수율

➕ 해설
• 천인율(재해율) : 근로자수 1,000명 당 발생하는 재해자수의 비율
• 강도율 : 연 1000 근로시간당 근로손실 일수
• 연천인율 : 근로자 1000명당 연간 발생하는 재해자 수

22 렌치 작업 시 주위사항이 아닌 것은?

① 높거나 좁은 위치에서는 몸의 자세를 안정되게 작업한다.
② 너트보다 큰 치수를 사용한다.
③ 렌치를 해머로 두드려서는 안 된다.
④ 렌치를 너트에 깊이 물린다.

➕ 해설
너트에 딱 맞는 치수를 사용한다.

23 반드시 보호 안경을 착용하고 작업할 때와 가장 거리가 먼 것은?

① 차체에서 변속기를 탈거할 때
② 그라인더를 사용할 때
③ 정밀한 조종 작업을 할 때
④ 산소용접을 할 때

24 오픈 엔드 렌치보다 복스 렌치를 많이 사용하는 이유로 가장 적절한 것은?

① 저렴하기 때문
② 가볍기 때문
③ 볼트 및 너트를 완전히 감싸므로 사용 중에 미끄러지지 않기 때문
④ 다양한 크기의 볼트 및 너트에 사용할 수 있기 때문

25 154kV 가공 송전선로 주변에서 작업할 때에 대한 설명으로 옳은 것은?

① 사고가 발생하면 복구공사비는 전력설비가 공공 재산이므로 배상하지 않는다.
② 전력선은 피복으로 절연되어 있어 크레인 등이 접촉해도 단선되지 않으면 사고는 발생하지 않는다.
③ 1회선은 3가닥으로 이루어져 있으며, 1가닥 절단 시에도 전력공급을 계속한다.
④ 건설장비가 선로에 직접적으로 접촉하지 않고 근접만 하여도 사고가 발생할 수 있다.

26 굴착 시 도로폭이 4m 이상 8m 미만일 경우 도시가스배관 지하매설 심도는?

① 0.4m 이상
② 0.6m 이상
③ 1m 이상
④ 1.2m 이상

🔹 **해설**
- 0.6m 이상 : 굴착 시 공동주택 등의 부지 내의 경우 도시가스배관 지하매설 심도
- 1.2m 이상 : 굴착 시 도로폭 8m 이상 도로의 경우 도시가스배관 지하매설 심도

27 전기화재 발생 시 적절하지 못한 소화 장비는?

① CO_2 소화기
② 물
③ 분말 소화기
④ 모래

🔹 **해설**
※ 화재 분류
- 일반화재(A급 화재)
- 유류화재(B급 화재)
- 전기화재(C급 화재)
- 금속화재(D급 화재)

28 렌치 작업 시 옳지 못한 행동은?

① 스패너는 조금씩 돌리며 사용할 것
② 파이프 렌치는 반드시 둥근 물체에만 사용할 것
③ 스패너는 앞으로 당기며 사용할 것
④ 스패너의 자루가 짧다고 느낄 때는 반드시 둥근 파이프로 연결할 것

🔹 **해설**
파이프 등과 같은 연장대를 연결하여 사용하면 안 된다.

29 아세틸렌 가스용접의 특징에 대한 설명으로 옳은 것은?

① 불꽃의 온도와 열효율이 낮다.
② 이동이 불가하다.
③ 유해광선이 아크용접보다 많이 발생한다.
④ 설비비가 비싸다.

🔹 **해설**
- 이동이 편리하다.
- 유해광선이 아크용접보다 적게 발생한다.
- 설비비가 저렴하다.

✏️ 24 ③　25 ④　26 ③　27 ②　28 ④　29 ①

30 운전 중인 엔진에서 화재가 발생하였다 그 소화 작업으로 가장 먼저 취해야 할 안전한 방법은?

① 점화원을 차단한다.
② 원인을 분석하고 모래를 뿌린다.
③ 엔진을 가소(椵燒)하여 팬의 바람을 끈다.
④ 경찰에 신고한다.

➕ 해설
※ 가소(椵燒) : 물질에 열을 가하여 휘발성 성분을 없애는 일

31 산소 용기에서 산소의 누출 여부를 가장 쉽고 안전하게 점검하는 방법은?

① 비눗물 사용
② 소음으로 점검
③ 전기불꽃 사용
④ 기름 사용

32 가스배관용 폴리에틸렌관의 특징이 아닌 것은?

① 부식이 잘되지 않는다.
② 도시가스 고압관으로 사용된다.
③ 지하매설용으로 사용된다.
④ 일광, 열에 약하다.

➕ 해설
도시가스 저압관으로 사용된다.

33 산업안전보건법상 안전·보건표지의 종류와 형태에서 다음 그림이 나타내는 표시는?

① 출입금지
② 차량통행금지
③ 보행금지
④ 직진금지

➕ 해설
산업안전보건법상 안전·보건표지의 금지표지(8종)이다. 기본모형은 빨간색, 바탕은 흰색, 부호 및 그림은 검은색이다.

34 한국전력공사의 송전선로 전압은?

① 0.345kV
② 3.45kV
③ 34.5kV
④ 345kV

➕ 해설
한국전력공사의 송전전로 전압은 154kV, 345kV를 사용한다.

✏️ 30 ① 31 ① 32 ② 33 ① 34 ④

35 건설기계 정비업의 종류로 맞는 것은?

① 전문건설기계정비업, 특수건설기계정비업, 부분건설기계정비업
② 전문건설기계정비업, 종합건설기계정비업, 부분건설기계정비업
③ 전문건설기계정비업, 특수건설기계정비업, 중기건설기계정비업
④ 전문건설기계정비업, 종합건설기계정비업, 장기건설기계정비업

36 등록건설기계의 기종별 표시가 바르게 짝지어진 것은?

① 01- 불도저
② 02- 모터그레이더
③ 03- 지게차
④ 04- 덤프트럭

🔍 **해설**

등록건설기계의 기종별 표시

표시	기종	표시	기종
01	불도저	06	덤프트럭
02	굴착기	07	기중기
03	로더	08	모터그레이더
04	지게차	09	롤러
05	스크레이퍼	10	노상안전기

37 폭우로 가시거리가 100m 이내인 경우 또는 노면이 얼어붙은 경우 최고속도의 얼마를 줄인 속도로 운행해야 하는가?

① 20/100
② 30/100
③ 40/100
④ 50/100

🔍 **해설**

최고속도의 50/100을 줄인 속도로 운행해야 하는 경우
• 폭우로 가시거리가 100m 이내인 경우
• 노면이 얼어붙은 경우
• 폭설·안개 등으로 가시거리가 100m 이내인 경우
• 눈이 20mm 이상으로 쌓인 경우

※ 최고속도의 20/100을 줄인 속도로 운행해야 하는 경우
• 노면이 젖은 경우
• 눈이 20mm 미만으로 쌓인 경우

38 도로교통법상에서 정의된 긴급자동차가 아닌 것은?

① 위독환자의 수혈을 위한 혈액 운송 차
② 학생운송 전용버스
③ 응급 전신·전화 수리공사에 사용되는 차
④ 긴급한 경찰업무수행에 사용되는 차

🔍 **해설**

도로교통법상에서 정의된 긴급자동차
• 위독환자의 수혈을 위한 혈액 운송 차
• 응급 전신·전화 수리공사에 사용되는 차
• 긴급한 경찰업무수행에 사용되는 차
• 국군이나 연합군 긴급차에 유도되고 있는 차
※ 긴급자동차 : 소방·구급·혈액공급 자동차 및 그밖에 대통령령이 정하는 자동차로서 그 본래의 긴급한 용도로 사용되고 있는 자동차

39 신규 등록일로부터 5년 경과된 트럭적재식 기중기의 정기검사 유효기간은?

① 6개월
② 1년
③ 2년
④ 4년

🔍 **해설**

건설기계의 정기검사 유효기간
• 굴착기(타이어식) : 1년
• 덤프트럭 : 1년
• 기중기(타이어식, 트럭 적재식) : 1년
• 천공기(트럭 적재식) : 2년
• 지게차(1톤 이상) : 2년
• 로더(타이어식) : 2년

40 음주운전 측정 및 처벌기준에서 면허취소 수준의 기준 혈중알코올농도는 몇 % 이상인가?

① 0.03%
② 0.05%
③ 0.08%
④ 0.10%

📌 35 ② 36 ① 37 ④ 38 ② 39 ② 40 ③

> **해설**
> - 술에 취한 상태의 기준 혈중알코올농도 : 0.03% 이상
> - 면허정지 : 0.03% 이상 0.08% 미만
> - 면허취소 : 0.08% 이상(만취상태)

41 압력의 단위가 아닌 것은?

① N·m
② kPa
③ bar
④ kgf/cm²

> **해설**
> 1bar ≒ 1.02kgf/cm² ≒ 1atm ≒ 14.5psi ≒ 100,000Pa = 100kPa = 0.1MPa

42 기어펌프의 회전수가 변했을 때 발생하는 현상으로 가장 적절할 것은?

① 오일 흐름 방향이 변한다.
② 회전 경사판의 각도가 변한다.
③ 오일압력이 무조건 증가한다.
④ 유량이 변한다.

> **해설**
> 기어펌프의 회전수가 변하면 유량이 변한다.

43 다음 [보기]에서 유압회로에 사용되는 3가지 종류의 제어밸브를 모두 나열한 것은?

> a. 압력제어밸브
> b. 속도제어밸브
> c. 방향제어밸브
> d. 유량제어밸브

① a, b, c
② a, b, d
③ a, c, d
④ b, c, d

> **해설**
> 유압회로에 사용되는 3가지 종류의 제어밸브 : 압력제어밸브, 방향제어밸브, 유량제어밸브

44 방향전환밸브의 조작방식에서 단동 솔레노이드 기호 표시는?

① (레버 기호)
② (플런저 기호)
③ (솔레노이드 기호)
④ (파일럿 기호, 점선)

> **해설**
> - : 인력조작-레버
> - : 기계조작-플런저
> - : 전자조작-단동솔레노이드
> - : 파일럿조작-직접작동

45 압력제어밸브가 아닌 것은?

① 언로드 밸브
② 시퀀스 밸브
③ 교축 밸브
④ 릴리프 밸브

> **해설**
> - 언로드 밸브 : 일정조건에서 펌프를 무부하로 하기 위해 사용되는 밸브
> - 시퀀스 밸브 : 두 개 이상의 분기회로에서 유압 액추에이터의 작동순서를 제어하는 밸브
> - 교축 밸브 : 유량제어밸브(속도제어)
> - 릴리프 밸브 : 유압이 규정값 보다 높아질 때 작동하여 회로를 보호하는 밸브

46 유압회로에서 작동유의 정상온도 범위로 가장 적절한 것은?

① −10~5℃
② 10~40℃
③ 50~70℃
④ 90~120℃

> **해설**
> - 유압회로에서 작동유의 정상온도 범위 : 50~70℃

41 ① 42 ④ 43 ③ 44 ③ 45 ③ 46 ③

47 기중기에서 상부회전체를 회전시키는 장치는?

① 턴테이블
② 동력인출장치(PTO)
③ 카운터웨이트
④ 훅 해지장치

해설
- 동력인출장치(PTO) : 엔진 동력을 유압으로 변환시켜 주는 장치
- 카운터웨이트 : 기중기의 전도를 방지하는 장치
- 훅 해지장치 : 줄걸이용 와이어로프의 이탈을 방지하는 안전장치

48 기중기 설치 시 주의사항에 대한 설명으로 틀린 것은?

① 기중기 진입로를 마련한다.
② 바닥의 지지력을 점검한다.
③ 기중기의 수평 균형을 확인한다.
④ 화물의 무게 및 작업반경과 관계없이 수직으로 인양한다.

해설
기중기를 설치할 때는 화물의 무게 및 작업 반경을 고려하고 기중기의 정격하중을 확인 후 수직으로 인양한다.

49 아웃트리거 설치 시 주의사항에 대한 설명으로 옳은 것은?

① 차량의 수평과 관계없다.
② 아웃트리거를 최소로 확장한다.
③ 접지판이 모두 지면과 밀착하도록 설치한다.
④ 지반이 약한 경우 그대로 작업한다.

해설
아웃트리거 설치 시 주의사항
- 차량의 수평을 맞춘다.
- 아웃트리거를 최대로 확장한다.
- 지반이 약한 경우 아웃트리거 아래쪽에 철판을 설치한다.

50 다음 중 기중기에 대한 설명으로 틀린 것을 모두 고른 것은?

ㄱ. 상부회전체의 최대 회전각은 300°이다.
ㄴ. 붐 길이와 작업 반경은 서로 비례한다.
ㄷ. 붐 각과 기중능력은 서로 반비례한다.

① ㄱ, ㄴ
② ㄱ, ㄷ
③ ㄴ, ㄷ
④ ㄱ, ㄴ, ㄷ

해설
- 상부회전체의 최대 회전각은 360°이다.
- 붐 각과 기중능력은 서로 비례한다.

51 와이어로프가 엇갈려 겹쳐서 감기는 것을 방지하기 위해 두는 각도는?

① 붐 최적각도
② 틸팅 각도
③ 지브 각도
④ 플리트 각도

해설
플리트(Fleet) 각도 : 와이어로프가 엇갈려 겹쳐서 감기는 것을 방지하기 위해 두는 각도

52 인양 하중표에 대한 설명으로 옳은 것은?

① 인양높이, 인양톤수, 붐 길이가 명시되어 있다.
② 정하중을 적용한다.
③ 아웃트리거 최소폭 기준이다.
④ 각도별 하중능력을 나타낸다.

해설
인양 하중표
- 작업반경, 인양톤수, 붐 길이가 명시되어 있다.
- 아웃트리거 최대폭 기준이다.
- 거리별 하중능력을 나타낸다.

53 기중기 선정 시 고려해야 하는 작업조건 중 가장 적절하지 못한 것은?

① 바람의 영향
② 햇빛의 영향
③ 작업장 지반상태
④ 충격하중의 영향

47 ① 48 ④ 49 ③ 50 ② 51 ④ 52 ② 53 ②

> **해설**
> 기중기 선정 시 고려해야 하는 작업조건
> • 바람의 영향
> • 작업장 경사도
> • 작업장 지반상태
> • 충격하중의 영향
> • 동하중의 영향

54 기중기의 선회장치 점검에 대한 설명으로 틀린 것은?

① 상부회전체의 볼트, 너트가 풀리지 않아야 한다.
② 선회장치 작동 시 이상소음이 없어야 한다.
③ 선회장치 작동 시 열이 많이 발생해야 한다.
④ 선회 프레임에 균열이 없어야 한다.

> **해설**
> 기중기의 선회장치 작동 시 열이 적게 발생해야 한다.

55 기중기의 주요검사항목이 아닌 것은?

① 안정기(아웃트리거)
② 와이어로프
③ 연장구조물
④ 예비타이어

> **해설**
> 기의 주요검사항목
> • 안정기(아웃트리거)   • 와이어로프
> • 연장구조물   • 드럼
> • 선회장치   • 안전장치
> • 제어장치   • 연장구조물 구동장치

56 기중기의 작업종료 시 안전수칙에 대한 설명으로 옳은 것은?

① 훅은 그대로 둔다.
② 붐은 그대로 둔다.
③ 줄걸이 용구를 분리하여 보관한다.
④ 지반이 약한 곳에 주차한다.

> **해설**
> 기중기의 작업종료 시 안전수칙
> • 훅은 최대한 감아올리고 차량에 고정한다.
> • 붐은 인입시킨다.
> • 지반이 약한 곳에 주차하지 않는다.

57 훅의 종류가 아닌 것은?

① 파운드리 훅   ② 지그 훅
③ 아이 훅   ④ 생크 훅

> **해설**
> 훅의 종류 : 파운드리 훅, 스위벨 훅, 아이 훅, 생크 훅

58 와이어로프의 구성요소가 아닌 것은?

① 소선   ② 심강
③ 심선   ④ 중공

> **해설**
> 와이어로프의 구성요소 : 소선, 심강, 심선, 가닥

59 줄걸이 용구 분리 시 주의사항에 대한 설명으로 틀린 것은?

① 와이어로프를 잡아당겨 빼지 않는다.
② 훅을 3m 이상 권상한 상태로 둔다.
③ 줄걸이 용구는 분리하여 보관한다.
④ 직경이 큰 와이어로프는 잘 흔들린다.

> **해설**
> 줄걸이 용구를 분리할 때는 훅을 2m 이상 권상한 상태로 둔다.

60 붐을 상승·하강시키는 역할을 하는 실린더는?

① 마스터 실린더
② 하이드롤릭 실린더
③ 데릭 실린더
④ 메인 실린더

> **해설**
> 데릭 실린더 : 붐을 상승·하강시키는 역할을 하는 실린더

54 ③   55 ④   56 ③   57 ②   58 ④   59 ②   60 ③

CBT 실전모의고사 5회

기중기운전기능사

1 부동액의 구비조건이 아닌 것은?
① 비등점이 물보다 낮을 것
② 물과 쉽게 혼합될 것
③ 침전물이 발생하지 않을 것
④ 부식성이 없을 것

> 해설 부동액의 비등점은 물보다 높아야 한다.

2 다음 중 디젤엔진의 연료라인 순서가 바르게 나열된 것은?
① 연료탱크 → 연료공급펌프 → 분사펌프 → 연료필터 → 분사노즐
② 연료탱크 → 연료공급펌프 → 연료필터 → 분사펌프 → 분사노즐
③ 연료탱크 → 연료필터 → 분사펌프 → 연료공급펌프 → 분사노즐
④ 연료탱크 → 분사펌프 → 연료필터 → 연료공급펌프 → 분사노즐

> 해설 디젤엔진의 연료라인 순서 : 연료탱크 → 연료공급펌프 → 연료필터 → 분사펌프 → 분사노즐

3 엔진에서 과급기의 장착 목적에 대한 설명으로 가장 적절한 것은?
① 배기가스의 정화 ② 냉각효율의 증대
③ 윤활성의 증대 ④ 엔진 출력의 증대

> 해설 과급기(터보차저)의 장착 목적은 체적효율을 향상시켜 엔진 출력 및 토크를 증가시키기 위함이다.

4 피스톤 링의 작용이 아닌 것은?
① 오일제어 작용
② 열전도 작용
③ 기밀 작용
④ 완전연소 억제 작용

5 디젤엔진에서 팬벨트 장력이 약할 때 발생하는 현상으로 옳은 것은?
① 워터펌프 베어링이 조기에 마모된다.
② 발전기 출력이 저하될 수 있다.
③ 엔진이 부조한다.
④ 엔진이 과랭된다.

6 디젤엔진에서 분사노즐의 요구조건이 아닌 것은?
① 연료를 미세한 안개 모양으로 분사하여 쉽게 착화하게 할 것
② 고온, 고압에서 장기간 사용할 수 있을 것
③ 분무를 연소실의 구석구석까지 뿌려지게 할 것
④ 연료의 분사 끝에서 후적이 발생할 것

> 해설 연료의 분사 끝에서 후적이 발생하지 않을 것
> ※ 연료분사 및 분사노즐의 3대 조건 : 무화, 분산, 관통

7 디젤엔진의 진동이 심해지는 원인으로 틀린 것은?
① 실린더 수가 많을수록
② 피스톤 및 커넥팅로드의 중량 차이가 클수록
③ 실린더 마모로 인해 각 기통별 실린더 안지름의 차이가 클수록
④ 연료 분사량 및 분사압력의 불균형이 클수록

8 오토엔진 대비 디젤엔진의 장점이 아닌 것은?
① 연료소비율이 낮다.
② 가속성이 좋고 운전이 정숙하다.
③ 열효율이 높다.
④ 비교적 화재 위험이 적다.

---

1 ①   2 ②   3 ④   4 ④   5 ②   6 ④   7 ①   8 ②

> **해설**
> 가속성이 좋고 운전이 정숙하다. : 오토엔진의 장점
> ※ 오토엔진 ≒ 가솔린 엔진

9 엔진 시동회로에서 전력공급선의 전압강하는 몇 V 이하이면 정상인가?
① 0.2V ② 1.0V
③ 9.5V ④ 10.5V

> **해설**
> 엔진 시동회로에서 전력공급선의 전압강하는 0.2V 이하이면 정상이다.

10 교류발전기의 구성부품 중에서 교류를 직류로 변환하는 것은?
① 로터 ② 스테이터
③ 콘덴서 ④ 다이오드

> **해설**
> 다이오드 : 교류를 직류로 변환함(정류작용)

11 MF배터리가 아닌 일반 납산배터리를 관리할 경우 정기적으로 얼마마다 충전하는 것이 좋은가?
① 약 15일 ② 약 30일
③ 약 45일 ④ 약 60일

> **해설**
> 배터리의 자기 방전으로 인해 최소 약 15일에 한번씩은 배터리를 차량에 장착하여 시동을 걸어 충전하거나 외부 충전기를 이용하여 충전해야한다.

12 납산배터리의 특징에 대한 설명으로 틀린 것은?
① 시동 시 시동전동기에 전원을 공급한다.
② 양극판은 해면상납, 음극판은 과산화납을 사용하며 전해액은 묽은 황산을 이용한다.
③ 발전기가 고장 시 일시적인 전원을 공급한다.
④ 발전기의 출력 및 부하의 불균형을 조정한다.

> **해설**
> 양극판은 과산화납, 음극판은 해면상납을 사용하며 전해액은 묽은 황산을 이용한다.

13 다음 중 퓨즈에 대한 설명으로 틀린 것은?
① 퓨즈는 정격용량을 사용한다.
② 퓨즈가 끊어졌을 때 철사를 대용하여도 된다.
③ 퓨즈 용량은 암페어(A)로 표시한다.
④ 퓨즈의 표면이 산화되면 끊어지기 쉽다.

> **해설**
> 퓨즈가 끊어졌을 때 규정용량의 신품 퓨즈로 교환한다.

14 건설기계에서 주로 사용하는 시동전동기의 형식은?
① 교류 전동기 ② 직류 직권 전동기
③ 직류 분권 전동기 ④ 직류 복권 전동기

> **해설**
> • 직류 직권 전동기 : 계자코일과 전기자코일이 서로 직렬로 연결
> • 직류 분권 전동기 : 계자코일과 전기자코일이 서로 병렬로 연결
> • 직류 복권 전동기 : 계자코일과 전기자코일이 서로 직·병렬로 연결

15 토크 컨버터에서 토크가 최댓값이 되는 점을 무엇이라 하는가?
① 스톨 포인트 ② 회전력
③ 변속비 ④ 종감속비

> **해설**
> 스톨 포인트 : 토크 컨버터에서 토크가 최댓값이 되는 점

16 긴 내리막을 내려갈 때 베이퍼록 현상을 방지하기위한 운전방법은?
① 클러치를 차단하고 브레이크 페달을 밟고 내려간다.
② 시동을 끄고 브레이크 페달을 밟고 내려간다.
③ 엔진 브레이크를 사용한다.
④ 변속레버를 중립으로 놓고 브레이크 페달을 밟고 내려간다.

9 ① 10 ④ 11 ① 12 ② 13 ② 14 ② 15 ① 16 ③

⊕ 해설

베이퍼록(vapor lock) 현상 : 브레이크액에 기포가 발생하여 브레이크 작동이 불량해지는 것을 말한다. 긴 내리막길을 내려갈 때 지나치게 브레이크를 많이 사용하면 바퀴 부분의 마찰열 때문에 브레이크 계통 내의 브레이크액이 기화하여 기포가 형성된다.

17 타이어식 건설기계에서 조향 차륜의 얼라인먼트 요소가 아닌 것은?

① 캠버 ② 부스터
③ 토인 ④ 캐스터

⊕ 해설

- 캠버
  - 정(+)의 캠버 : 앞바퀴의 '아래'쪽이 '위'쪽보다 좁은 상태
  - 부(−)의 캠버 : 앞바퀴의 '위'쪽이 '아래'쪽보다 좁은 상태
- 토우
  - 토인 : 앞바퀴를 위에서 아래로 보았을 때 앞쪽이 뒤쪽보다 좁은 상태
  - 토아웃 : 앞바퀴를 위에서 아래로 보았을 때 뒤쪽이 앞쪽보다 좁은 상태
- 캐스터
  - 정(+)의 캐스터 : 자동차를 측면에서 보았을 때 킹핀의 위쪽이 휠 허브를 지나 노면에 수직인 직선의 '뒤'쪽으로 기울어져 있는 상태
  - 부(−)의 캐스터 : 자동차를 측면에서 보았을 때, 킹핀의 위쪽이 휠 허브를 지나 노면에 수직인 직선의 '앞'쪽으로 기울어져 있는 상태
- 킹핀경사각 : 앞바퀴를 앞쪽에서 보았을 때 킹핀의 윗부분이 안쪽으로 경사지게 설치되어 있는데, 이때 킹핀 축 중심과 노면에 대한 수직선이 이루는 각도

18 타이어의 트레드(Tread)에 대한 설명 중 틀린 것은?

① 트레드가 마모되면 열의 발산이 불량하게 된다.
② 트레드가 마모되면 지면과의 접촉 면적이 커짐으로써 마찰력이 증대되어 제동성능이 향상된다.
③ 트레드가 마모되면 구동력과 선회능력이 저하된다.
④ 타이어 공기압이 높으면 트레드의 양단부보다 중앙부의 마모가 크다.

⊕ 해설

트레드가 마모되면 지면과의 접촉 면적이 다소 커지지만 마찰력이 저하되어 제동성능이 떨어진다.

19 한국전력공사 고객센터 및 전기고장 신고 전화번호는?

① 118 ② 123
③ 1301 ④ 1339

⊕ 해설

한국전력공사 고객센터 및 전기고장 신고 전화번호는 123이다.

20 크레인 인양 작업 시 줄 걸이 안전사항으로 틀린 것은?

① 권상 작업 시 지면에 있는 보조자는 와이어로프를 손으로 꼭 잡아 화물이 흔들리지 않게 한다.
② 신호자는 기본적으로 1인이다.
③ 2인 이상의 고리 걸이 작업 시 상호 간에 소리를 내면서 한다.
④ 신호자는 운전자가 잘 볼 수 있는 안전한 위치에서 신호를 보낸다.

21 해머 작업에 대한 설명으로 틀린 것은?

① 자루가 단단한 것을 사용한다.
② 장갑을 끼지 않는다.
③ 적절한 무게의 해머를 사용한다.
④ 처음부터 해머를 힘차게 때린다.

22 도시가스 관련법상에서 공동주택 등외의 건축물 등에 가스를 공급하는 경우 정압기에서 가스사용자가 소유하거나 점유하고 있는 토지의 경계까지에 이르는 배관은?

① 공급관 ② 본관
③ 내관 ④ 주관

⊕ 해설

- 본관 : 도시가스 제조사업소의 부지 경계에서 정압까지 이르는 배관
- 내관 : 가스사용자가 소유하고 있는 토지의 경계에서 연소기까지 이르는 배관

◆ 17 ② 18 ② 19 ② 20 ① 21 ④ 22 ①

23 도로 굴착자가 가스배관 매설위치를 확인 시 인력으로 굴착을 실시해야 하는 범위는?
① 가스배관의 보호판이 식별되었을 때
② 가스배관의 주위 0.3m 이내
③ 가스배관의 주위 0.5m 이내
④ 가스배관의 주위 1m 이내

24 안전사고와 부상의 종류 중 재해의 분류상 중상해란 어느 정도의 상해를 말하는가?
① 부상으로 인해 1일 이상 7일 이하의 노동 손실을 가져온 상해 정도
② 부상으로 인해 8일 이상의 노동 손실을 가져온 상해 정도
③ 응급처치 이하의 상처로 작업에 종사하면서 치료를 받는 상해 정도
④ 업무로 인해 목숨을 잃게 된 경우

> **해설**
> • 경상해 : 부상으로 인해 1일 이상 7일 이하의 노동 손실을 가져온 상해 정도
> • 무상해 사고 : 응급처치 이하의 상처로 작업에 종사하면서 치료를 받는 상해 정도
> • 사망 : 업무로 인해 목숨을 잃게 된 경우

25 사고의 직접적인 원인으로 가장 적합한 것은?
① 불안전한 행동 및 상태
② 유전적인 요소
③ 성격 결함
④ 사회적 환경요인

26 풀리(Pulley)에 벨트를 걸 때 어떤 상태에서 걸어야 하는가?
① 저속으로 회전상태
② 회전이 정지한 상태
③ 중속으로 회전상태
④ 고속으로 회전상태

> **해설**
> • 풀리(Pulley)에 벨트를 걸 때 회전이 정지한 상태에서 걸어야 한다.

27 전력케이블은 차도에서 지표면 아래 어느 정도 깊이에 매설되어 있는가?
① 0.2~0.5m   ② 1.2~1.5m
③ 30cm 이상   ④ 60cm 이상

> **해설**
> 전력케이블은 차도에서 지표면 아래 1.2~1.5m 깊이에 매설되어 있다

28 안전·보건표지의 종류 및 형태에서 다음 그림이 표시하는 것은?

① 안전화 착용
② 안전복 착용
③ 방독 마스크 착용
④ 방진 마스크 착용

> **해설**
> 산업안전보건법상 안전·보건표지의 지시표지(9종)이다. 바탕은 파란색, 그림은 흰색이다.

29 전기화재에 해당하는 것은?
① A급 화재   ② B급 화재
③ C급 화재   ④ D급 화재

> **해설**
> 화재의 분류
> • 일반화재(A급 화재)   • 유류화재(B급 화재)
> • 전기화재(C급 화재)   • 금속화재(D급 화재)

23 ④   24 ②   25 ①   26 ②   27 ②   28 ②   29 ③

30 아세틸렌가스 용기의 취급 방법에 대한 설명으로 틀린 것은?

① 전도, 전락 방지 조치를 할 것
② 충전용기와 빈 용기는 명확히 구분하여 각각 보관할 것
③ 용기의 온도는 60℃로 유지할 것
④ 용기는 반드시 세워서 보관할 것

해설
용기의 온도는 40℃ 이하로 할 것

31 건설기계의 정기검사 유효기간이 연장될 수 있는 경우의 설명으로 틀린 것은?

① 타워크레인 또는 천공기가 해체된 경우 – 해체 후 1개월 이내
② 압류된 건설기계의 경우 – 압류기간 이내
③ 해외 임대를 위해 일시 반출되는 경우 – 반출기간 이내
④ 건설기계 대여업을 휴지한 경우 – 휴지기간 이내

해설
타워크레인 또는 천공기가 해체된 경우 – 해체되어 있는 기간 이내
※ 건설기계의 정기검사를 연기하는 경우에는 그 연기기간을 6개월 이내로 한다.

32 건설기계 조종사의 면허취소 사유인 것은?

① 고의로 인명피해를 일으킨 때
② 과실로 6명 이상에게 중상을 입힌 때
③ 3천만 원 재산피해를 입힌 때
④ 과실로 2명 이상을 사망하게 한 때

해설
면허취소 사유
• 과실로 7명 이상에게 중상을 입힌 때
• 과실로 3명 이상을 사망하게 한 때
• 과실로 19명 이상에게 경상을 입힌 때
※ 3천만 원 재산피해를 입힌 때 : 면허효력정지 60일(50만 원당 1일, 최대 90일을 넘지 못함)

33 건설기계 운전자가 조종 중 고의로 인명피해를 입히는 사고를 일으킨 경우 면허처분 기준은?

① 면허효력 정지 5일
② 면허효력 정지 15일
③ 면허효력 정지 45일
④ 면허취소

해설
• 면허효력 정지 5일 : 고의 또는 과실 이외 기타 인명 피해를 입힌 경우 경상 1명마다
• 면허효력 정지 15일 : 고의 또는 과실 이외 기타 인명 피해를 입힌 경우 중상 1명마다
• 면허효력 정지 45일 : 고의 또는 과실 이외 기타 인명 피해를 입힌 경우 사망 1명마다

34 건설기계의 소유자는 어느 영이 정하는 바에 의하여 건설기계 등록을 해야 하는가?

① 대통령령   ② 국무총리령
③ 시·도지사령 ④ 국토교통부장관령

35 1톤 이상 지게차의 정기검사 유효기간은?

① 1년   ② 2년
③ 6개월   ④ 9개월

해설
• 덤프트럭 : 1년
• 기중기(타이어식, 트럭적재식) : 1년
• 지게차(1톤 이상) : 2년
• 로더(타이어식) : 2년

36 일시정지 안전 표지판이 설치된 횡단보도에서 위반되는 경우는?

① 횡단보도 직전에 일시 정지하여 안전을 확인 후 통과하였다.
② 경찰공무원이 진행신호를 하여 일시정지하지 않고 통과하였다.
③ 보행자가 보이지 않아 그대로 통과하였다.
④ 연속적으로 진행 중인 앞차의 뒤를 따라 진행할 때 일시 정지하였다.

30 ③ 31 ① 32 ① 33 ④ 34 ① 35 ② 36 ③

37 차마(車馬)가 도로 이외의 장소에 출입하기 위해 보도를 횡단하려고 할 때 가장 적절한 통행방법은?
① 보도 직전에서 일시 정지하여 보행자의 통행을 방해하지 않아야 한다.
② 보행자가 있어도 차마(車馬)가 우선 출입한다.
③ 보행자 유·무에 관계없이 주행한다.
④ 보행자가 없으면 빨리 주행한다.

38 방향전환밸브의 조작방식에서 단동 솔레노이드 기호 표시는?
①
②
③
④

⊕ 해설
· : 인력조작-레버
· : 기계조작 플런저
· : 파일럿조작-직접작동

39 유압펌프에서 소음이 발생할 수 있는 원인이 아닌 것은?
① 펌프의 속도가 느릴 때
② 오일의 양이 적을 때
③ 오일의 점도가 너무 높을 때
④ 오일 속에 공기가 유입될 때

40 방향제어밸브에서 내부 누유에 영향을 미치는 요소가 아닌 것은?
① 밸브 간극의 크기
② 흡입 여과기
③ 관로의 유량
④ 밸브 양단의 압력차

41 유압유의 압력에너지(힘)를 기계적 에너지(일)로 변환시키는 작용을 하는 것은?
① 유압펌프   ② 액추에이터
③ 어큐뮬레이터 ④ 유압밸브

⊕ 해설
· 유압펌프 : 엔진의 기계적 에너지를 유압 에너지로 변환
· 어큐뮬레이터 : 유체에너지를 일시 저장하여 맥동 및 충격압력을 흡수하고 부하가 클 때 저장해 둔 에너지를 방출하여 순간적인 과부하를 방지

42 유압회로에 흐르는 압력이 설정된 압력 이상으로 상승하는 것을 방지하기 위한 밸브는?
① 릴리프 밸브
② 감압 밸브
③ 시퀀스 밸브
④ 카운터 밸런스 밸브

⊕ 해설
· 감압 밸브 : 1차측 압력과 관계없이 분기회로에서 2차측 압력을 설정압력까지 감압하는 밸브
· 시퀀스 밸브 : 2개 이상의 분기회로에서 유압 액추에이터의 작동순서를 제어하는 밸브
· 카운터 밸런스 밸브 : 중력으로 인해 낙하를 방지하기 위해 배압을 유지하는 밸브
※ 압력제어밸브의 종류 : 릴리프 밸브, 감압 밸브, 시퀀스 밸브, 카운터 밸런스 밸브 등

43 유압유의 가장 중요한 성질은?
① 열효율   ② 온도
③ 점도   ④ 습도

⊕ 해설
점도는 유압유의 가장 중요한 성질이다.

44 오일펌프의 종류가 아닌 것은?
① 베인펌프   ② 기어펌프
③ 진공펌프   ④ 플런저펌프

⊕ 해설
오일펌프의 종류 : 베인펌프, 기어펌프 플런저펌프

37 ① 38 ③ 39 ① 40 ③ 41 ② 42 ① 43 ③ 44 ③

45 유압장치의 불순물 및 금속가루를 제거하기 위한 장치로 바르게 나열된 것은?
① 스크레이퍼, 필터
② 여과기, 어큐뮬레이터
③ 필터, 스트레이너
④ 어큐뮬레이터, 스트레이너

46 압력제어밸브의 역할은?
① 일의 속도 결정
② 일의 시간 결정
③ 일의 크기 결정
④ 일의 방향 결정

🔹 해설
• 압력제어밸브의 역할 : 일의 크기 결정
• 유량제어밸브의 역할 : 일의 속도 결정
• 방향제어밸브의 역할 : 일의 방향 결정

47 다음 중 와이어로프 점검에 대한 설명으로 옳은 것은?
① 와이어로프의 마모가 공칭지름의 3%를 초과하면 사용해서는 안 된다.
② 와이어로프의 마모가 공칭지름의 5%를 초과하면 사용해서는 안 된다.
③ 와이어로프의 마모가 공칭지름의 7%를 초과하면 사용해서는 안 된다.
④ 와이어로프의 마모가 공칭지름의 10%를 초과하면 사용해서는 안 된다.

🔹 해설
와이어로프의 마모가 공칭지름의 7%를 초과하면 사용해서는 안 된다.

48 기중기의 작업장치 중에서 디젤 해머로 할 수 있는 작업은?
① 수중 굴착
② 파일 항타
③ 와이어로프 감기
④ 수직 굴토

🔹 해설
파일 항타는 디젤 해머로 할 수 있는 작업이다.

49 기중기 작업 시 일반적인 붐의 최소제한각도는?
① 10°
② 20°
③ 30°
④ 40°

🔹 해설
• 일반적인 붐의 최소 제한각도 : 20°
• 일반적인 붐의 최대 제한각도 : 78°

50 기중기의 사용 용도로 부적절한 작업은?
① 파일 항타 작업
② 화물 적하작업
③ 크레인 작업
④ 경지정리 작업

🔹 해설
기중기의 작업 종류 : 화물 적하작업, 크레인 작업, 파일 항타 작업

51 와이어로프의 이탈을 방지하기 위해 훅에 설치한 안전장치는?
① 이송 장치
② 스위블 장치
③ 해지 장치
④ 걸림 장치

🔹 해설
해지 장치 : 와이어로프의 이탈을 방지하기 위해 훅에 설치한 안전장치

52 기중기의 작업 장치 중 수직굴토, 배수구 굴삭 및 청소 작업에 사용되는 것은?
① 클램셸
② 훅
③ 백호
④ 파일 드라이버

🔹 해설
• 훅 : 갈고리 모양으로 로프 등을 걸어서 중량물을 달아 올리는 데 사용된다.
• 백호 : 파워셔블의 버킷을 앞으로 끌어당겨 토사를 퍼올리는 데 사용된다.
• 파일 드라이버 : 주로 항타 및 항발작업에 사용된다.

53 인양높이에 대한 설명으로 옳은 것은?
① 지면에서 훅까지의 수직거리
② 지면에서 붐까지의 수직거리
③ 차륜 중심에서 훅까지의 평균거리
④ 차륜 중심에서 붐까지의 수직거리

🔹 해설 인양높이 : 지면에서 훅까지의 수직거리

54 기중기에서 엔진 동력을 유압으로 변환시켜 주는 장치는?
① 훅 해지장치
② 카운터웨이트
③ 동력인출장치(PTO)
④ 턴테이블

🔁 해설
- 훅 해지장치 : 줄걸이용 와이어로프의 이탈을 방지하는 안전장치
- 카운터웨이트 : 기중기의 전도를 방지하는 장치
- 턴테이블 : 상부회전체를 회전시키는 장치

55 와이어로프와 드럼을 클립 고정으로 연결하고자 한다. 이때 와이어로프 지름이 16mm 이하이면 클립은 몇 개 이상 사용해야 하는가?
① 2개
② 4개
③ 5개
④ 6개

🔁 해설
- 와이어로프 지름 16mm 이하 : 클립 4개 사용
- 와이어로프 지름 16mm 초과 28mm 이하 : 클립 5개 사용
- 와이어로프 지름 28mm 초과 : 클립 6개 이상 사용

56 와이어로프의 한 가닥에서 소선 수가 몇 % 이상 절단되면 사용해서는 안 되는가?
① 5%
② 10%
③ 15%
④ 20%

🔁 해설
와이어로프의 한 가닥에서 소선 수가 10% 이상 절단되면 사용해서는 안 된다.

57 체인의 점검에 대한 설명으로 틀린 것은?
① 링의 마모가 신품상태일 때 지름의 20%를 초과하면 사용해서는 안 된다.
② 전장이 신품상태일 때 길이의 5%를 초과하면 사용해서는 안 된다.
③ 변형이 뚜렷한 것은 사용하면 안 된다.
④ 균열이 있는 것은 사용하면 안 된다.

🔁 해설
링의 마모가 신품상태일 때 지름의 10%를 초과하면 사용해서는 안 된다.

58 트레일러에 기중기를 상차하는 방법에 대한 설명으로 틀린 것은?
① 흔들리거나 미끄러져서 전도되지 않도록 단단히 고정한다.
② 최대한 무거운 카운터 웨이트를 부착하여 상차한다.
③ 아우트리거는 완전히 집어넣고 상차한다.
④ 붐을 분리시키기 힘든 경우에는 낮고 짧게 유지한다.

59 크레인 작업 시 안전기준에 대한 설명으로 틀린 것은?
① 급회전한다.
② 작업 시 시야(視野)가 양호한 방향으로 선회한다.
③ 작업 중인 크레인의 작업 반경 내에는 접근하지 않는다.
④ 크레인으로 물체를 운반할 경우 붐 각은 20° 이상 또는 78° 이하로 작업한다.

🔁 해설
크레인 작업을 할 때는 급회전하지 않는다.

60 붐의 길이에 대한 설명으로 옳은 것은?
① 훅의 끝단에서 붐의 선단 시브핀까지의 거리
② 훅의 중심에서 붐의 선단 시브핀까지의 거리
③ 붐의 끝단에서 붐의 선단 시브핀까지의 거리
④ 붐의 고정핀에서 붐의 선단 시브핀까지의 거리

🔁 해설
붐의 길이 : 붐의 고정핀에서 붐의 선단 시브핀까지의 거리

54 ③ 55 ② 56 ② 57 ① 58 ② 59 ① 60 ④

완전합격 기중기운전기능사 필기시험문제

발 행 일	2024년 1월 5일 개정4판 1쇄 인쇄 2024년 1월 10일 개정4판 1쇄 발행
저 자	건설기계자격검정위원회
발 행 처	크라운출판사 http://www.crownbook.com
발 행 인	李尙原
신고번호	제 300-2007-143호
주 소	서울시 종로구 율곡로13길 21
공 급 처	(02) 765-4787, 1566-5937, (080) 850~5937
전 화	(02) 745-0311~3
팩 스	(02) 743-2688, 02) 741-3231
홈페이지	www.crownbook.co.kr
I S B N	978-89-406-4744-8 / 13550

특별판매정가 14,000원

이 도서의 판권은 크라운출판사에 있으며, 수록된 내용은 무단으로 복제, 변형하여 사용할 수 없습니다.
Copyright CROWN, ⓒ 2024 Printed in Korea

이 도서의 문의를 편집부(02-744-4959)로 연락주시면 친절하게 응답해 드립니다.